室内设计必修教程 理想·宅 编

室内装饰风格

Interior decoration
style

中国电力出版社
CHINA ELECTRIC POWER PRESS

内容提要

本书是一本实用性很强的软装百科式图书,内容丰富、全面。共分五章,第一章为室内装饰风格的基础知识,第二至五章为按照风格特性分类的较为常见的室内装饰风格,每一种风格均从其设计理念、配色设计、造型特点、代表建材、家具特征及装饰品特征等多方面详细解析,同时搭配了大量的彩色实景图,让读者全方位、立体地掌握室内装饰风格的相关知识。

本书可作为室内设计师、室内陈设师、环境艺术设计师的实用参考书,也可供环境艺术设计专业院校的师生参考。

图书在版编目(CIP)数据

室内设计实用教程.室内装饰风格 / 理想·宅编.
— 北京:中国电力出版社,2021.1
ISBN 978-7-5198-4782-1

Ⅰ.①室… Ⅱ.①理… Ⅲ.①室内装饰设计—教材②室内装饰—装饰风格—教材 Ⅳ.① TU238.2 ② TU767.8

中国版本图书馆 CIP 数据核字(2020)第 123714 号

出版发行:中国电力出版社
地 址:北京市东城区北京站西街 19 号(邮政编码 100005)
网 址:http://www.cepp.sgcc.com.cn
责任编辑:曹 巍(010-63412609)
责任校对:黄 蓓 朱丽芳
装帧设计:理想·宅
责任印制:杨晓东

印 刷:北京瑞禾彩色印刷有限公司
版 次:2021 年 1 月第一版
印 次:2021 年 1 月北京第一次印刷
开 本:710 毫米 × 1000 毫米 16 开本
印 张:14
字 数:285 千字
定 价:78.00 元

前言

FOREWORD

　　室内装饰风格是以不同的文化背景及不同的地域特色为依据，通过各种设计元素来营造一种特有的装饰风格。它可以说是室内装饰设计的统领，室内设计所包含的所有设计因素，如用材、造型、色彩、形态等，均需以风格为出发点来进行，否则不仅不能美化室内空间，反而会让人觉得混乱不堪。而在不同的装饰风格中，设计因素是具有差别的，作为一名室内设计师，只有透彻地了解不同风格之间的差异，才能设计出既具有风格特征又充满个性化的作品。

　　本书由"理想·宅 Ideal Home"倾力打造，是一本实用性很强的室内装饰风格百科式图书，全书分为五章，以室内装饰风格基础作为开端，详细地讲解了室内风格的形成、流派及室内风格的发展历史等基础性理论知识，使读者对室内装饰风格有一个基本的了解，为实践性知识的学习打好基础。而后将室内常见的 16 种设计风格按照总体特征分成了 4 章，分别从设计理念、配色设计、造型特点、代表建材、家具特征及装饰品特点等多个方面对每种风格进行解析，与大部分的同类书籍相比，本书包含的内容更为详细，并注重理论与实践的结合，是室内设计、环艺设计等行业设计师的理想参考书。

编者

2020 年 10 月

目录

CONTENTS

第四章

富丽、轻奢类装饰风格 **117**

自然、有氧类装饰风格　　　　**153**

第一章
室内装饰风格基础

本章包含了室内装饰风格的基础知识，剖析了装饰风格的形成及流派，以及讲述了室内风格的历史沿革。掌握这些知识，可以为掌握家居风格的设计和运用打下坚实的基础。

第一节
室内风格的形成及流派

一、成因与影响

❶ 室内风格的成因

室内设计风格是由不同的时代潮流和地区特点，通过创作构思和表现，逐渐发展成为具有代表性的室内设计形式。一种典型风格的形式，通常是和当地的人文因素、自然条件及经济发展密切相关的。

（1）民族文化

民族文化是影响设计风格形成的最主要因素。不同的民族、地域、国家具有不同的文化，它又构成了不同的生活方式、风俗习惯以及宗教信仰和价值标准，这些差异也是影响设计风格特点的主要原因。

这在一些国家尤其明显，如斯堪的纳维亚风格。北欧国家都属于斯堪的纳维亚地区，这些地区非常寒冷，地域的特点需要设计为人们从心理上提供温暖，贴近生活以度过漫长的冬季，因此，形成了追求温馨自然和富有人情味的设计风格。

▲北欧风格具有显著的民族特色，室内装饰温馨自然而富有人情味

（2）历史背景

对设计风格的影响较为明显的还有某一历史时期和一些重要的历史事件。较有代表性的如工业革命，它改变了人们的生产方式和生活用品，并出现了风格流派的一些运动，如20世纪初欧洲出现的现代主义运动，就创造了"少即是多"的设计新风格——现代主义。这种设计风格在包豪斯时期尚能体现一定的风格，而在二战后其中心转向美国后，成为"国际主义风格"，变得过于千篇一律，因此后现代主义应运而生。

◀简约风格的主旨为
"少即是多",其源自
欧洲的现代主义运动

（3）商业经济

当人类文明有了明显的进步后人们就会不满足于生活现状,而去不断地创新和发展,这就导致了商业经济的发展,而国家或地域商业经济的特征,则会对设计风格的特点产生影响。以美国为例,其建国历史短暂,受文化和历史的制约少,使其设计的特点演变成了包容性较大的实用主义、功利主义和商业主义。市场竞争机制下的美国设计,展现出强烈的商业色彩,这就形成了美国独一无二的设计发展路径,以及特点明显的美式风格。

◀美国风格受商业经
济影响,具有很强的
包容性、融合性以及
强烈的风格特征

❷ 室内风格的影响

一旦一种室内风格形成后,它又能积极或消极地转而影响文化、艺术以及诸多的社会因素,并不仅仅局限于作为一种形式表现和视觉上的感受。不同艺术风格的室内设计产生、发展和变化,既是建筑艺术历史文脉的延续和发展,具有深刻的社会发展历史和文化的内涵,同时也必将极大地丰富人们的精神生活。

二、常见的艺术流派

现代室内设计从所表现的艺术特点分析，常见的艺术流派包括有：高技派、光亮派、白色派、新洛可可派、风格派、超现实派、解构主义派以及装饰艺术派等。

❶ 高技派（重技派）

高技派也被称为重技派，此流派的室内设计讲求突出现代工业技术成就、追求机械美，并在室内设计中将其彰显出来。设计时，可直接暴露梁板、网架等结构构件和风管、线缆等各种设备和管道，来凸显工艺。

❷ 光亮派（银色派）

光亮派也称银色派，在室内设计中，多使用新型材料，凸显现代材料的精细感及光亮的效果，如常大量地使用反射性极强的各类玻璃材料、不锈钢，除此之外，抛光花岗石、大理石的使用频率也极高。为了凸显材质的光泽感，通常还会搭配相应的照明设计，形成极具光泽感、绚丽夺目的室内环境。

❸ 白色派

白色派是以白色为主的室内设计派别。室内界面甚至家具都以白色为主，力求塑造一种简洁而又朴实的效果。白色派的室内空间，并不是简单地用简洁的造型和大量的白色进行室内处理，而是通过门窗等构件，将室内设计与室外的景色结合，实现两者的联通。将室外环境设计成了"背景"，因此，即使室内的造型和色彩没有过多的渲染，也不会让人觉得单调、乏味。

❹ 新洛可可派

洛可可原为 18 世纪盛行于欧洲宫廷的一种建筑装饰风格，其显著特征为精细轻巧和繁复的装饰。新洛可可派承袭了洛可可风造型繁复的特点，同时将其与现代加工技术、新型装饰材料和工艺手段相结合，展现出华丽、浪漫而不失现代感的效果。

❺ 风格派

风格派始于 20 世纪 20 年代的荷兰，代表人物为画家 P·蒙德里安。在设计方面，以突出纯造型的表现，从传统及个性崇拜的约束下解放艺术为主旨，主张抽象设计，认为抽象的才是真实的。

在室内设计中，色彩及造型都极具个性特点。造型方面常以几何方块为基础，无论是装饰还是家具，均以几何形体的造型为主，并配以凹凸造型的屋顶或墙面来凸显造型特点。同时辅以强烈的色彩组合，来进一步凸显造型的特点，典型色彩设计为以红、黄、青三原色为主，间或搭配黑、白、灰等色彩。

❻ 超现实派

超现实派的设计以追求超越现实的艺术效果为主旨。在室内设计中，异常的空间组织、曲面或具有弧形线型的设计极其常见，同时还会搭配或浓厚或个性的色彩组合，以及具有艺术性的光影设计。同时，打破常规造型的家具与设备、现代绘画或雕塑，也常被用来烘托气氛。适合对视觉形象有特殊要求的人群。

❼ 解构主义

解构主义兴起于 20 世纪 60 年代，代表人物是法国的哲学家 J·德里达，该流派的设计主旨是对 20 世纪前期欧美盛行的结构主义进行质疑和批判。在室内设计中，否定传统设计方式，强调自由的、不受历史文化和传统理念约束地进行设计。该流派的设计突破了传统形式的构图，且用材非常粗放。

❽ 装饰艺术派（艺术装饰派）

装饰艺术派诞生于 20 世纪 20 年代，兼容了古典和现代的特征，属于一种折中的风格。在室内设计中，善于运用多层次的几何线型、重复线条及图案，重视几何块体以及曲折线的表现形式，通常会在门窗线脚、槽口及腰线、顶角线等部位做重点装饰。

第二节
室内风格的历史沿革

一、以时间为轴的风格历史

　　室内设计在时间维度上，决定了它必然反映时代的精神和特征，包括科学技术发展水平，因此不同时间段的风格大有不同。

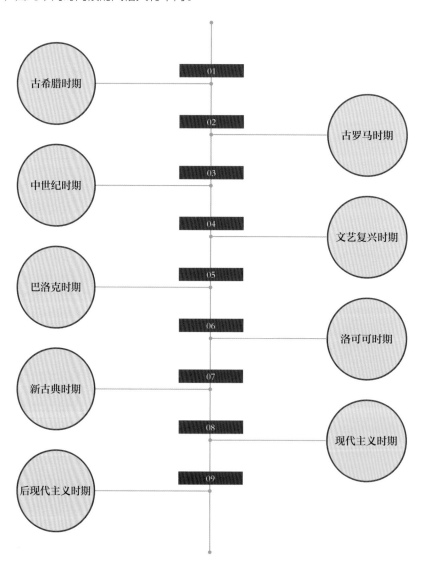

❶ 古希腊时期（公元前 7 世纪至前 1 世纪）

古希腊时期风格虽然是古典主义，但内饰简约（古希腊崇尚简朴），讲究对称。室内多以多利克或爱奥尼亚柱式做装饰（且不用科林斯柱），一般会有希腊陶瓶及相应的希腊瓶画。家具采用优美的曲线形椅背和椅腿，结构简单、轻巧舒适。家具的表面多施以精美的油漆，装饰图案以在蓝色底漆上涂画的棕榈及"卍"字花纹最具特色。

❷ 古罗马时期（公元前 5 世纪至公元 5 世纪）

古罗马时期风格是一个以柱式结构为主的时代，讲究从教堂圆形弓顶得来的启示，雕刻、镶砌等艺术手法处于主要地位，用料粗大，线条简单。地板常常是杂色的大理石，装饰极为豪华。木料、象牙、大理石、银、铜及金等材料都经过非常细密的加工及磨制，铜制的火盆暖着屋子，青铜吊灯则可以照亮房间。镜子通常由青铜制成，浮雕或镌刻着花式或神话的图案，有时制成或横或直的凹形或凸形，令反射出来的人物变形。银器用品在中产以上家庭中已经极为普遍。

❸ 中世纪时期（公元 476 年至 15 世纪文艺复兴前期）

整个封建的中世纪，文化艺术完全被宗教所垄断，成为服务宗教的宣传工具。中世纪前期的拜占庭和仿罗马式风格，属于接受基督教思想的初始时期，家具造型庄重、庞大，以直线为主，追求空间的体量感，门窗上方为半圆形，门上饰以雕刻，空间内部以壁画、雕刻及玻璃画装饰；中世纪后期的哥特式风格，多为封建君主上层社会及教堂家具，室内造型和装饰特征与当时建筑一样，垂直向上的线条营造出独具哥特风格的修长感和仪式感。以高、直、尖为特征的向上感让空间有了动感和生机。

❹ 文艺复兴时期（15 世纪后半期至 17 世纪前期）

意大利文艺复兴风格在文艺复兴风格中占有最重要的位置。文艺复兴时期的风格具有冲破中世纪装饰的封建性和闭锁性而重视人性的文化特征。将文化艺术的中心从宫殿移向民众，以及在对古希腊、古罗马再认识的基础上具有古典样式再生和充实的意义。意大利文艺复兴时期的室内装饰追求豪华，大量采用圆柱、圆顶，强调表面装饰，多运用细密描绘的手法，外加很多精美的饰物，具有丰裕华丽的效果。

❺ 巴洛克时期（17 世纪前期）

其艺术特征为打破文艺复兴时期整体的造型形式而进行变形，在运用直线的同时也强调线型流动变化的造型特点，具有过多的装饰和华美厚重的效果。在室内，将绘画、雕塑以及工艺集中于装饰和陈设艺术上，色彩华丽且用金色予以协调，构成室内庄重、豪华的气氛。洛可可风格是继巴洛克样式之后在欧洲发展起来的样式，比巴洛克样式厚重，洛可可风格以其不均衡的轻快、纤细曲线著称，从中国和印度进口到欧洲的室内装饰品对其也有影响。

❻ 洛可可时期（17 世纪后期）

洛可可时期室内多采用明快的色彩和纤巧的装饰，天花和墙面有时以弧面相连，转角处布置壁画，家具也非常精致而繁琐。装饰上细腻柔媚，常常采用不对称手法，喜欢用弧线和 S 形线条，尤其爱用贝壳、漩涡、山石作为装饰题材，以及大量运用中国卷草纹样，具有轻快、流动、向外扩张以及纹样中人物、植物、动物浑然一体的突出特点；室内墙面多用嫩绿、粉红、玫瑰红等鲜艳的浅色调，线脚大多用金色，洛可可风格不像巴洛克风格那样装饰浓艳，色彩强烈。

❼ 新古典时期（18 世纪末至 19 世纪上半期）

新古典主义的室内设计风格其实就是经过改良的古典主义风格。一方面保留了材质、色彩的大致风格，仍然可以感受很强烈的历史痕迹与浑厚的文化底蕴，同时又摒弃了过于复杂的肌理和装饰，简化了线条，与现代材质相结合，呈现出古典而简约的新风貌，是一种多元化的方式。将怀古的浪漫情怀和现代人对生活的需求相结合，兼容华贵典雅与时尚现代，反映出后工业时代个性化的美学观念和文化品位。

❽ 现代主义时期（1919 年至今）

产生于 1919 年的包豪斯学派，强调突破旧传统，创造新建筑，重视功能和空间组织，注意发挥结构构成本身的形式美，造型简洁，反对多余装饰，崇尚合理的构成工艺，尊重材料的性能，讲究材料自身的质地和色彩的配置效果，发展了非传统的以功能布局为依据的不对称的构图手法。包豪斯学派重视实际的工艺制作，强调设计与工业生产的联系。

❾ 后现代主义时期（1950 年至今）

后现代风格是对现代风格中纯理性主义倾向的批判，后现代风格强调建筑及室内装潢应具有历史的延续性，但又不拘泥于传统的逻辑思维方式，探索创新造型手法，讲究人情味，常在室内设置夸张、变形的柱式和断裂拱券，或把古典构件的抽象形式以新的手法结合在一起，即采用非传统的混合、叠加、错位、裂变等手法和象征、隐喻等手段，以期创造一种融感性与理性、集传统与现代、糅合大众与行家于一体的建筑形象与室内环境。

二、以地域为轴的风格历史

风格受不同地区自然环境以及人们的生活习惯和审美观念等因素的影响，从而深深地打上不同地区风格的烙印，可以将其称为室内设计的地域风格。

❶ 古代中国

以宫廷建筑为代表的中国古典建筑的室内装饰艺术特色，气势恢弘、壮丽华贵、高空间、大进深、雕梁画栋、金碧辉煌，造型讲究对称，色彩讲究对比，装饰材料以木材为主，图案多龙、凤、龟、狮等，精雕细琢、瑰丽奇巧。中国传统风格的室内设计，在室内布置、线形、色调以及家具、陈设的造型等方面，吸取传统文化的特征。例如，吸取我国传统木构架建筑室内的藻井天棚、挂落、雀替的构成和装饰，明、清家具造型和款式特征以及点缀的中式字画、瓷器古玩等。

▲中国古典建筑的室内布置

▲中式古典风格的室内设计

❷ 美洲区域

美式古典风格根植于欧洲文化，它摒弃了巴洛克和洛可可风格所追求的新奇与浮华，建立在一种对古典风格的新的认识基础上，强调简洁、明晰的线条和优雅、得体有度的装饰。家居自由随意、简洁怀旧、实用舒适；暗棕、土黄为主的自然色彩；欧洲皇室家具平民化、古典家具简单化，家具宽大、实用；侧重壁炉与手工装饰，追求粗犷大气、天然随意。

▲美式古典风格的室内设计

❸ 欧洲区域

历史上，欧式风格在不断地融合古罗马、古希腊的经典建筑风格后，逐渐形成了具有山花、雕塑、门损、柱式等主要结构的石质建筑装饰风格。而后，形成了古典欧式具有代表性的室内装饰流派。欧式古典风格追求华丽、高雅，典雅中透着高贵，深沉中显露豪华，具有很强的文化韵味和历史内涵。

▲欧式古典风格的室内设计

❹ 地中海区域

地中海拥有 17 个沿岸国家，物产丰饶，表现出丰富多样的风貌。地中海风格的美，包括"海"与"天"明亮的色彩，仿佛被水冲刷过后的白墙，薰衣草、玫瑰、茉莉的香气，路旁奔放的成片花田色彩，历史悠久的古建筑，土黄色与红褐色交织而成的浓郁色彩。色彩设计从地中海流域的特点中汲取，金色的沙滩、蔚蓝的天空和大海、建筑风格的多样化，这些因素使得地中海区域的配色明亮、大胆而丰富。

▲地中海流域的建筑

▲地中海风格的室内设计

❺ 东南亚区域

　　东南亚区域的设计风格以其来自热带雨林的自然之美和浓郁的民族特色风靡世界。东南亚式的设计风格之所以如此流行，正是因为它独有的魅力和热带风情而备受人们的推崇与喜爱。取材自然是东南亚区域最大的特点，由于地处多雨富饶的热带，东南亚家具大多就地取材，散发着浓烈的自然气息。

　　在色彩上也表现为以原藤、原木的色调为主，或以褐色等深色系为主。在空间上以原木等天然材料搭配布艺作适当点缀。另外，东南亚地处热带，气候闷热潮湿，在家居装饰上常用夸张艳丽的色彩冲破视觉上的沉闷。

▲东南亚风格的室内设计

❻ 古代日本

　　古代日本风格直接受日本和式建筑影响，讲究空间的流动与分隔，流动则为一室，分隔则分为几个功能空间，在空间中总能让人静静地思考，禅意无穷。传统的日式家居将自然界的材质大量运用于居室的装修、装饰中，不推崇豪华奢侈、金碧辉煌，以淡雅节制、深邃禅意为境界，重视实际功能。日式风格特别能与大自然融为一体，借用外在自然景色，为室内带来无限生机。

▲日式风格的室内设计

第二章
现代、简洁类装饰风格

本章的内容包括了现代风格、简约风格、北欧风格和工业风格四类风格。它们都具有简洁的特点，或硬装设计与软装布置均遵循简洁原则。

第一节
现代风格

一、理念：强调突破旧的传统

❶ 设计理念

现代风格设计是以德国包豪斯学派为代表的建筑设计为标志的。该学派在当时的历史背景下，强调突破旧的传统，创造新的建筑，并反对多余的装饰，崇尚合理的构成工艺，尊重材料的性能，重视建筑结构自身的结构形式美。在包豪斯的影响下，当时的欧洲形成了造型简洁、功能合理、布局以不对称的几何形态为特点的建筑设计风格，并波及室内设计领域，由此产生了现代风格。

▲现代风格反对多余的装饰，造型简洁、功能合理

② 风格特征

20 世纪 20 年代前后，欧洲一批先进的建筑家、设计师发起推动新建筑运动，这场运动的内容非常庞杂，其中包括精神上的、思想上的改革以及材料、技术上的进步。

● 新的材料：钢筋混凝土、玻璃、金属、塑料的运用，从而把几千年以来建筑完全依附于木材、石料、砖瓦的传统打破。

● 新的形式：以理性主义为主要特点，提倡非装饰的简单几何造型，理性的、有秩序的现代风格设计方式。

▲ 玻璃、塑料等新材料的运用

▲ 非装饰的简单几何造型

▲ 理性的、有秩序的设计方式

二、配色：追求鲜明的反差效果

现代风格张扬个性、凸显自我，色彩设计极其大胆，注意色彩对比、探求鲜明的效果反差，具有浓郁的艺术感。现代风格的色彩搭配形式有两类：一种以无色系中的黑、白、灰为主色，三种色彩至少出现两种；另一种是具有对比效果的色彩。

① 无色系组合

无色系组合是指以黑、白、灰、金、银等无色系色彩进行组合的配色方式，通常以黑、白、灰为主色，其中白色最能表现简洁感，黑色、银色、灰色能展现明快与冷调。

白色+黑色+灰色

白色同时搭配黑色与灰色，或搭配黑色和灰色的一种，具有经典、时尚的效果

白色+灰色/黑色+金属色

以白色组合灰色或黑色作为主色，金属色可通过材料或小件的灯具及软装饰来展示，效果较个性

无色系组合

通常以黑、白、灰为主色，组合或不组合少量金属色，再搭配适量大地色系，显得时尚且层次丰富

无色系+非对比彩色

以无色系中黑、白、灰为主色，搭配高纯度或较突出的非对比色组合的彩色，配色更醒目且张力增加

❷ 大地色系

大地色系指茶色、棕色等接近于泥土的颜色，用其配色可表现出素雅而又具有层次感的现代气质，可将其用在墙面、地面等背景部分，也可用在大型家具上。

棕色系+ 黑色、白色、灰色   棕色系+ 黑色、白色、灰色+彩色

棕色系与无色系组合具有厚重而时尚的基调，而厚重感的多少取决于棕色系色调的深浅   *用大地色表现现代感时，少量点缀一些彩色可以减轻一些厚重感，彩色的明度和纯度可突出一些*

❸ 对比色组合

喜欢华丽、另类的活泼感，可将强烈的对比色设计在如墙面、大型家具等主要部位上；喜欢平和中带有刺激感的效果，可以黑、白、灰做基色，以艳丽的纯色做点缀。

两色对比   多色对比

以一组对比色组合为主的配色方式，如红蓝、粉蓝、黄蓝、红绿等，互补色的对比感最强烈   *以至少包含一组对比色为主，组合其他色相的多种色彩，进而产生对比效果*

三、造型：以几何线条代替繁复造型

现代风格的造型多以点、线、面的几何抽象艺术代替繁复的造型。室内空间内的造型常被分解成几何结构、直线、方形或弧形，材质与色彩化被设计成形态各异的色块点缀其间，彰显出刚劲、严谨、简洁和理性的现代气息。

❶ 几何结构

现代风格的室内空间中，造型设计部分会较多地运用几何结构类的元素，这些元素主要包括直线、圆形、弧形等。使用此类的造型装饰空间能够强化现代风格的造型感和张力，同时体现其创新、个性的理念。几何图形大多极具简洁感，也可以成为现代风格的居室装饰设计的最有利表现手段。

▶直线条为主的几何结构造型，具有很强的简洁感

▲多种几何结构类的元素组合，凸显空间的现代气质

❷ 点、线、面组合

　　点、线、面的组合在现代风格的居室中运用十分广泛。它不仅体现在墙面造型设计中，软装布置和色彩设计等方面也都能体现出点、线、面的关系。线需要点来点缀，才能灵活多变，面同样也需要点和线的衬托。需要注意的是，三者的比例应和谐，若点多了就会感觉散乱，面多了就会感觉呆板，线多了就会感觉凌乱，因此应注意协调好三者的位置和数量。

▲沙发墙采取了线与面组合的设计形式，丰富了客厅的装饰层次

▲大块面的墙面造型及家具中已有的造型线与作为点的绿植的有机调和，使空间充满了灵动感

四、建材：擅用现代、新型材料

现代风格的家居在选材上不再局限于石材、木材、面砖等天然材料，一般喜欢使用新型的材料，尤其是不锈钢、铝塑板或合金材料，作为室内装饰及家具设计的主要材料；也可以选择玻璃、塑料、强化纤维等高科技材质，来表现现代时尚的家居氛围。

❶ 不锈钢

不锈钢是一种具有很高观赏价值的装饰材料，其强大的镜面反射作用，可取得与周围环境中的各种色彩、景物交相辉映的效果；同时在灯光的配合下，还可形成明亮的高光，对空间环境的效果起到强化和烘托的作用，是十分具有现代风格的一种建材。在现代风格的室内空间中，它通常会运用在墙面造型、顶面边角、家具及装饰品中。

▲金色的不锈钢材质，强化了客厅空间的现代感

▲以金色的不锈钢条作为"线"打破了面的呆板，使背景墙有了显著的节奏感和现代感

❷ 无色系大理石

　　现代风格居室追求简约、大气感，黑、白、灰色系大理石的素雅色调，搭配上原始石材的清晰花纹设计，能够强化现代空间的时尚与大气感。其中，灰色、白色大理石多大面积使用，黑色大理石则多小面积使用。大理石多用在背景墙、地面及台面等部位。

▲用整板白底灰纹的大理石搭配高反射率的镜面玻璃，大气而又不乏时尚感

▲灰色系大理石电视墙和地面的运用，为室内空间增添了时尚与大气感

③ 镜面玻璃

　　玻璃具有空灵、通透的视觉效果，它与不锈钢一样，同属于现代风格的代表建材。而且，它具有非常突出的装饰效果，可以塑造空间与视觉之间的丰富关系。比如把灰色、银色的镜面玻璃切割成规则的几何形体作为背景墙，最能体现现代家居空间的变化。

◀镜面玻璃强化了室内的现代感，且让空间显得更宽敞、更明亮，装饰性也更强

▲用灰镜搭配黑色系的大理石设计背景墙，时尚且具有丰富的层次感，同时又使空间得到了视觉上的延伸

④ 木饰墙面

在现代风格中，木饰面板也是较常用的一种墙面饰面建材，通常设计在客厅的电视背景墙或其他集中展示装饰的位置，颜色通常以棕色系为主。造型较为简洁，以大面积的木饰面纹理搭配不锈钢条或拼缝设计形成具有节奏感的装饰风格。

▲深棕色的木饰面板与灰色大理石组合，塑造出了明快、大气的效果

⑤ 玻璃纤维加强石膏板

玻璃纤维加强石膏板（GRG），是一种新型的预铸式建材，它经过特殊的改良，可以制成各种艺术造型，装饰性能强，非常适合用来装饰现代风格的室内空间，同时还具有较强的抗冲击能力，可以增加建筑的稳定性。

▶室内空间中，墙面、楼梯及顶面等多处使用了玻璃纤维加强石膏板，突破了常规的造型设计，更加突出了现代风格

五、家具：线条流畅、材质丰富

现代风格家具是一种比较时尚的家具，选材搭配刚柔并济，以布艺、皮革等温暖的材料为主，同时大量使用钢化玻璃、不锈钢、玻璃钢等具有冷感的新型材料作为辅材，既有使用上的舒适感，又能给人带来前卫、不受拘束的感觉，让人在冷峻中寻求现实的平衡。整体线条简洁流畅，摒弃了传统风格的繁琐雕花，多以几何造型居多。

简练的直线条家具　　　　不锈钢材质　　　　几何造型家具　　　　不锈钢＋布艺

① 几何造型家具

在现代风格的空间中，除了运用材料、色彩等设计技巧营造格调之外，还可以选择造型感极强的几何形家具作为装点的元素，如几何框架的座椅以及圆形或不规则多边形的茶几、边几等。此种手法不仅简单易操作，还能大大地提升室内的现代感。

▲造型设计感极强的几何形家具，提升了室内空间的现代感

② 简练的直线条家具

现代风格的直线条家具，除了体现在沙发上外，主要是以板式家具来呈现的，它具有简洁明快、新潮、布置灵活等特点，选择范围广泛，是家具市场的主流。而现代风格追求造型简洁的特性使板式家具成为此风格的最佳搭配，其中多以装饰柜为主。

◀镜面玻璃强化了室内的现代感，且让空间显得更宽敞、明亮，装饰性也更强

六、装饰：简洁、个性，带有现代符号

现代风格不拘泥于传统的逻辑思维方式，探索创新的造型手法，追求个性化。在软装饰品的搭配中常把夸张变形的，或是具有现代符号的饰品融合到一起，因此一些怪诞的抽象艺术画、无框或窄框画，金属、玻璃灯罩，玻璃饰品、抽象金属饰品等被广泛运用到现代风格的家居中。

◀金属材质的台灯、相框及摆件组合，丰富了空间内的装饰层次

▲无色系的抽象装饰画，增强了室内的现代感，并增添了艺术气质

抽象艺术画

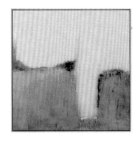 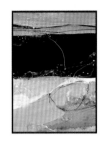  

抽象画多由点线面构成，符合现代风格的特点。在现代风格的室内悬挂或摆放几幅抽象艺术画，不仅可以提升空间品位，还可以达到释放整体空间感的效果。为了更具有现代风格的特征，可选择无框或窄框的款式

金属、玻璃灯具

灯具采用金属、玻璃作为灯罩，搭配金色、银色等金属色，可以塑造出独具品位的居室空间。在客餐厅中布置金属、玻璃的造型灯可为空间增添极强的现代美感

玻璃或抽象金属饰品

玻璃和金属是现代风格的代表性材质，使用此类饰品点缀在现代风格的空间中可以彰显出现代气息，它们的质感也可令空间更具时尚氛围，饰品可以是单独的玻璃或金属材质，也可是两者混合或与其他材质混合的款式

第二节
简约风格

一、理念：简约而不简单

① 设计理念

　　简约主义源于 20 世纪初期的西方现代主义，是由 20 世纪 80 年代中期对复古风潮的叛逆和极简美学的基础上发展起来的。20 世纪 90 年代初期，开始融入室内设计领域。"简约主义"起源于现代派的极简主义，发展至今，虽然在造型上做到没有任何装饰，减少到几乎无以复加，但是简单的几何造型的典雅，可以达到简单但是丰富的效果。进入 21 世纪，随着材料学的发展，绿色设计、可持续发展性设计等不断地发展，简约主义又一次进入了大众的视野。

▲简约风格的室内空间给人简约但不简单的感觉

② 风格特征

简约风格的特色是将设计的元素、色彩、照明、原材料简化到最少的程度，但对色彩、材料的质感要求很高。因此，简约的空间设计通常非常含蓄，往往能达到以少胜多、以简胜繁的效果，以简洁的表现形式来满足人们对空间环境那种感性的、本能的和理性的需求，这是当今世界流行的设计风格。

▲色彩、照明、原材料等简化到最少

▲对材料的质感有着较高的要求

▲虽然设计元素少，但却能够以少胜多

二、配色：同色、不同材质的重叠使用

简约风格主张以个性化、简洁化的方式塑造舒适家居。色彩设计，通常以黑、白、灰色为大面积主色，搭配亮色进行点缀，黄色、橙色、红色等高饱和度的色彩都较为常用，色彩运用大胆而灵活，作为点缀色使用不单是对简约风格的遵循，也是个性的展示。

❶ 素雅配色

素雅配色指的是具有素雅感的一种简约配色方式，通常是以白色为主，搭配无色系中的其他色彩塑造经典且时尚的效果，或者搭配原木色塑造具有温馨感的效果。

白色+黑色/灰色	白色+黑色+灰色

白色与黑色或灰色相搭配，具有明快、简约、时尚的氛围，是较为经典的简约风配色方式之一

白、黑、灰三色组合，是最为经典的简约配色方式，效果时尚、朴素、层次变化分明

无色系组合	白色+黑色+灰色+原木色

通常以白色为大面积色彩，搭配灰色或少量黑色辅助，金色及银色通常用在小家具、灯具或饰品上

以黑、白、灰中的两色或三色组合为基调，搭配原木色用在地面、部分墙面或家具上，简洁而温馨

② 活泼配色

由于现代简约风格的配色大多以无彩色为主色，如果觉得居室过于单调，可以在配角色和点缀色中用高纯度色彩来提亮空间。如将热烈的红色、明亮的柠檬黄、清新的绿色、优雅的紫色等用在家具的配色中，会使居住环境具有活力，增强空间的视觉效果。

无色系组合+暖色

无色系组合+冷色

黑白灰为主色的空间中，加入红色点缀，令原本单调的室内氛围变得丰富起来

在无彩色为主调的空间中，摆放上两把透明质感的吧台椅，冷色调的加入，与空间融合的同时透露出一丝与众不同

无色系组合+对比色

无色系组合+多彩色

以无色系为基调，加入对比色组合，在简洁感中增添了一些个性，对比程度取决于色彩的纯度和明度

以无色系为基调，而后同时搭配多种彩色，是简约风格中，最具活泼感的一种配色方式

三、造型：最直白的装饰线条

简约风格强调少就是多，舍弃不必要的装饰元素，追求时尚和现代的简洁造型。与传统风格相比，现代简约用最直白的装饰线条体现空间和家居营造的氛围。因而一些简单的直线条、直角、大面积的色块被广泛的运用，进而凸显出空间的个性和宁静。

❶ 简洁的直线条

线条是空间风格的架构，简洁的直线条最能表现出简约风格的特点。要成功塑造简约风格的室内空间，一定要先将空间线条重新整理，整合空间中的垂直线条，讲求对称与平衡；不做无用的装饰，呈现出利落的线条，让视觉不受阻碍地在空间中延伸。

▶顶面、墙面造型均以直线为主，凸显简约风格的利落感

▲直线为主的造型搭配具有柔和感的沙发和座椅，使空间显得宽敞、利落而又不乏舒适感

❷ 大面积色块

简约风格装修追求的是空间的灵活性及实用性，在设计上，要根据空间之间相互的功能关系而相互渗透，让空间的利用率达到最高。其中，划分空间的途径不一定局限于硬质墙体，还可以通过大面积的色块来进行划分，这样的划分具有很好的兼容性、流动性及灵活性；另外，大面积的色块也可以用于墙面、软装等地方。

▲沙发和餐桌椅使用不同的颜色，区分出了空间内的不同功能区域

▲用不同色彩的墙面区分功能区，加强了空间内的流动性和布置的灵活性

四、建材：保持材料的原始状态

简约风格摒弃繁杂的造型，不会采用多余的装饰材料和复杂的造型设计，通常保持材料最原始的状态，以展现流动性和简洁性。因此，纯色涂料、木纹饰面板、无色系大理石、纯色或简约花纹壁纸等被广泛使用。

① 纯色涂料

各种色彩的光滑面涂料或乳胶漆是简约风格家居中最常用的顶面和墙面材料，没有任何纹理的质感能够塑造出简洁的基调，色彩可根据喜好和居室面积来选择。

▶灰色涂料搭配同色系的沙发，具有简洁而又理性的气质

② 木纹饰面板

木纹饰面板的纹理多样，选择原木色或无色系，可为简约空间增添干净、自然的气质，尤其是原木材质，看上去清新典雅，给人以返璞归真之感。此类建材既可以用于墙面的柜体造型，也可以用于造型墙面。

◀原木色的木纹饰面板搭配直线条的造型，使空间简约、利落而又不乏温馨、自然的气息

③ 无色系大理石

无色系大理石包括黑色、灰色、白色系的大理石，属于简约风格的代表色。纹理不宜选择太复杂的款式，通常用在客厅中装饰主题墙，可以搭配不锈钢边条或黑镜，也可用来装饰地面。

▲米灰色大理石地面的光洁质地，从整体上提升了空间的品质感

④ 纯色或简约花纹壁纸

纯色或简约花纹的壁纸给人的感觉比较简练，符合简约风格的特点，很适合用在简约家居的客厅电视墙、沙发墙，卧室或书房的墙面上，平面粘贴，或与涂料、乳胶漆、石膏板等材料搭配组合做一些大气而简单的造型，为简约风格居室增添层次感。

▶灰色的壁纸带有隐约的肌理感，与抽象画搭配，体现出了简约风格"简约而不简单"的内涵

五、家具：造型简洁、色彩低调

简约风格的家具，讲究的是设计的科学性与使用的便利性。主张在有限的空间发挥最大的使用效能。家具选择上强调形式服从功能，一切从实用角度出发，摒弃多余的装饰，点到为止。因此带有收纳功能的家具、直线条家具和点缀型座椅在现代风格空间中经常出现。

点缀型座椅　　　　　直线条家具　　　　　收纳功能的家具

❶ 直线条家具

简约风格在家具的选择上延续了空间的直线条，造型简洁、单纯、明快，通常都比较简练；沙发、床、桌子等多采用直线，低矮、棱角分明，没有过多的曲线造型；横平竖直的家具不会占用过多的空间面积，令空间看起来干净、利落，也非常实用。

▲大型家具选择直线条造型，可使简约风格的空间看起来更加干净、利落

❷ 带有收纳功能的家具

简约风格的室内空间要求足够利落，因此不能摆放过多的物品和家具，以避免产生拥堵感。带有一定的收纳功能但表面看起来简洁的家具很受欢迎，它们会令整体空间显得更加整洁。例如与墙面造型结合的柜体及有收纳功能的电视柜、茶几等。

◀与墙面造型结合的柜体设计，既能够让空间显得利落，又提升了储物量

六、装饰：在精不在多

由于简约家居风格室内空间中的线条简单、装饰元素较少，因此软装的布置是否到位是简约风格家居装饰的关键。配饰选择应尽量简约，没有必要为了显得"阔绰"而放置一些较大体积的物品，尽量以实用、方便为主；此外，简约家居中的陈列品设置也应尽量突出个性和美感。

◄客厅内仅使用了一幅窄框画抽象画做装饰，强化了简约风格居室简洁感的同时还增添了艺术气息

▲恰到好处的装饰品，既丰富了空间的装饰层次，活跃了氛围，又不会破坏简洁感

窄框画/ 抽象画

窄框画摆脱了传统宽边画边框的束缚，与简约风格的观念不谋而合，抽象画具有强烈的形式构成，也比较符合简约风格的内涵，将窄框画或抽象画点缀墙面，不仅可以提升空间品位，还可以达到释放整体空间感的效果

鱼线形吊灯

鱼线形吊灯上方为长吊线，下方为简洁造型的灯罩，具有简约风格直白、随性的特点。其外形明朗、简洁，配上简单的灯泡光源，形成了独特的简约美，在凸显现代简约家居风格的同时，还能提升空间的品质感

纯色或简洁元素地毯

 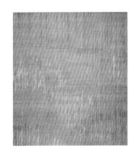 

简约风格的家居因其追求简洁的特性，因此在地毯的选择上，最好选择纯色地毯，这样就不用担心过于花哨的图案和色彩与整体风格发生冲突。若觉得整体空间的装饰层次不够丰富，也可选择带有简洁图案的地毯

第三节
北欧风格

一、理念：注重实用，强调人文

❶ 设计理念

　　北欧设计学派主要是指欧洲北部挪威、丹麦、瑞典、芬兰等国家的室内与家具设计风格。在 20 世纪 20 年代，为大众服务的设计主旨决定了北欧风格设计风靡世界。北欧风格将德国的崇尚实用功能理念和其本土的传统工艺相结合，富有人情味的设计使得它享誉国际。北欧风格在 20 世纪 40 年代逐步形成，其典型特征是崇尚自然、尊重传统工艺技术。

▲北欧风格崇尚自然，室内设计非常富有人情味

❷ 风格特征

（1）简洁、通透的室内设计

北欧属于高纬度地区，冬季漫长且缺少阳光的照射，所以在室内空间设计上，最大限度地将阳光引进室内。室内空间的格局没有过多的转折或拐角，且色彩运用上往往以纯净的色调为主，如白色墙面的大量运用，有利于光线反射，使房间显得更加宽敞、明亮。

▲北欧风格的室内空间，追求宽敞、明亮的感觉

（2）以人为本、崇尚自然

北欧设计既注重设计的实用功能，又强调设计中的人文因素，同时避免过于刻板的几何造型或者过分装饰，恰当运用自然材料并突出自身特点，开创一种富有"人情味"的现代设计美学。在北欧设计中，崇尚自然的观念比较突出，从室内空间设计到家具的选择，该风格都十分注重对本地自然材料的运用。

▲北欧风格在装饰室内空间时，非常注重自然材料的运用

二、配色：自然材料的本色居多

　　北欧风格的家居配色浅淡、洁净、清爽，给人一种视觉上的放松。背景色大多为无彩色，也会出现浊色调的蓝色、淡山茱萸粉等，点缀色的明度稍有提升，像明亮的黄色、绿色都是很好的调剂色彩。此外，北欧风格还会用到大量的木色来提升自然感。

❶ 无彩色为主色

　　无彩色在室内设计中属于"万能色"，在北欧风格的家居中，黑、白、灰三色常作为主色调，或重要的点缀色使用，凸显简洁、自然、人性化的特点。

白色+黑色+灰色

这是最体现北欧极简主义的一种配色方式，大部分情况下是以白色为主色，灰色辅助，黑色做点缀

白色+黑色+灰色+彩色

在黑、白、灰为主的组合中，加入一种或多种彩色，可以使原本素雅的空间增添一些活泼感

白色+黑色+灰色+原木色

在最具简洁感的黑、白、灰为主的配色中，加入一些原木色的地板或小件家具，可增加一些自然感

白色+黑色/灰色+原木色

白色通常用在顶面和墙面，木色用在地面或部分家具上，灰色或黑色用在部分家具上

❷ 淡色调、浊色调彩色

　　除了无色系为主的配色方式外，北欧风格中还会使用一些彩色，但作为主色的彩色均比较柔和，多为浊色调或淡浊色调，如具有柔和感和纯净感的浅蓝色、果绿色、柔粉色、米色等。高彩度的纯色较少使用，即使出现，也是作为点缀色。

蓝色或青色	绿色系

蓝色或青色属于冷色系中较为常用的两种颜色，通常会做软装主色或点缀色，能够塑造出具有清新感和柔和感的氛围	北欧风格中使用的绿色多为柔和的色调，如果绿、薄荷绿、草绿等，与白色或原木色、棕色搭配，具有舒畅感

粉色系	黄色系

北欧风格所使用的粉色系中，最具代表性的是茱萸粉。以粉色为主色，能够体现出唯美的气氛，且具备女性特征，适合文艺范的女性	黄色是北欧风格中可以适当使用的最明亮暖色，与白色或灰色搭配最适宜，可以用于抱枕，也可以用于座椅

三、造型：横平竖直，基本不做造型

北欧风格在家居装修方面,室内空间大多横平竖直,基本不做造型,体现风格的利落、干脆。但有些家具的线条则较为柔和,会出现流线型的座椅、单人沙发等,彰显北欧风格的人性化特征;灯具造型一般不会过于花哨,常见的有魔豆灯、钓鱼落地灯、几何造型灯具,北欧神话中的六芒星、八芒星等。

基本不做造型　　　　横平竖直　　　　　　　　　　魔豆灯

四、图案：布艺中的几何纹样

以某一种几何元素为基础，采用重复性结构使其有规律地反复出现组合的图案，是北欧风格布艺中最常使用的类型，常见的元素包括三角形、箭头、棋格、菱形等，通常会搭配块面式配色进行设计组合，会使用于墙面及布艺等。

▲以三角形为设计元素的几何纹样布艺，简洁、大气，并为北欧风格居室增添了动感

▲几何纹样同时运用在布艺和装饰画上，不仅使空间的装饰之间整体感更强，也增添了趣味性

五、建材：细密质感及天然纹理的表现

北欧风格注重人与自然、社会环境的有机结合，集中体现了绿色设计、环保设计、可持续发展设计的理念。因此，北欧风格室内装饰常使用木材、铁艺、乳胶漆、瓷砖等装饰材料，且注重保留天然材质的原始质感。

❶ 木质材料

木材是北欧风格装修的灵魂。为了有利于室内保温，北欧人在进行室内装修时大量使用隔热性能好的木材。基本上都使用未经精细加工的原木，保留了木材的原始色彩和质感。北欧风格风靡世界后，这种特点就被延续下来，木材、板材等也成了北欧风格的代表性材料。

▲木质地面及家具，烘托出浓浓的自然气息

▲木质顶面、地面及家具的组合，展现出北欧风格善用天然材质的特点

② 铁艺

　　铁艺是北欧风格中除了木料外较为常见的一类材料，由于墙面基本不做造型，所以它主要被用在家具上，除了原始的黑色铁艺外，还会使用各种彩色的铁艺，如绿色、蓝色、黄色、金色、玫瑰金等。

▲黑色铁艺的茶几及灯具，体现出了北欧风格的纯洁性

▲一张金色铁艺的餐椅，为北欧空间增添了些许现代气质

③ 乳胶漆

北欧风格的最大特点是基本不使用任何纹样或图案来做墙面装饰，因此，想要让墙面加点颜色，就要依靠色彩丰富的乳胶漆或涂料来表现，其中，亚光质感的产品更符合北欧风格的意境。

◀薄荷绿色亚光质地的乳胶漆，搭配木质地板和家具，清新又自然

▲淡雅的浅灰色乳胶漆墙面，为空间奠定了素雅而纯净的基调

④ 釉面砖

　　小尺寸的釉面砖在北欧风格的室内空间中极为常见，通常会用在厨房和卫浴间，素色以白色、黑色的款式居多，而花色则多为黑色与白色的组合、灰色系组合或白色与低调彩色的组合，能够使较为单调的厨卫空间变得装饰性更强。

▶小块面且不同形状的釉面砖组合，虽然只有黑、白两色，却并不让人觉得乏味，反而符合北欧风格极简的特征

▲白色的釉面砖组合六角形的水泥砖，简洁而丰富

▲带有印花图案的釉面砖，为卫浴间增添了趣味性

六、家具：以自然材质为主，减少精加工

北欧家具一般比较低矮，以自然材质为主，除了选用桦木、枫木、橡木、松木等木质类材料外，还会选择皮革、藤、棉布织物等材质，制作时会尽量减少精加工，且尽量不破坏原本的质感。另外，"以人为本"是北欧家具设计的精髓。北欧家具不仅追求造型美，更注重符合人体结构功能。

皮革材质家具   木质家具   棉布材质家具

1 自然材质家具

除了传统带有柔和色彩的木质类典型的北欧家具外，黑色和白色的混水漆家具也是北欧人钟爱的类型；在木材之外，皮革、藤、棉布织物等材质的家具在北欧风格的家具中也占有一席之地。而在自然材质家具的清新基调之上，还可以选择少量带有金属材质的北欧家具，来增添一些现代感。

▲家具选择了实木、棉麻及皮革材质，自然感强且层次丰富

2 北欧风格的代表家具

北欧的家具设计闻名世界，诸多的设计名家为世人设计出舒适而不失艺术感的家具，如鹈鹕椅、天鹅椅、贝壳椅、伊姆斯椅等。它们的设计来源于北欧，因此这些家具本身就代表着非常显著的北欧风格特征，放在空间中可进一步凸显北欧风格的特征。

◀简约而不失时尚感的伊姆斯椅，具有典型的北欧风格特质，放在空间中可以让北欧风格更突出

七、装饰：极简、精致 + 自然元素

北欧风格注重个人品位和个性化格调，饰品不会很多，但很精致。常见简洁的几何造型或各种北欧地区的动物。另外，鲜花、干花、绿植是北欧家居中经常出现的装饰物，不仅契合了北欧家居追求自然的理念，也可以令家居容颜更加清爽。

◀装饰画、绿植和摆件错落有致地构成了装饰墙，装饰品的数量不多且布置简洁，但却给人精致且丰富的感觉

▲茶几及角几上摆放的几盆绿色盆栽，为以黑、白、灰为主的空间增添了盎然的绿意

北欧元素的装饰画

北欧风格虽然简约，但同时又带有一些自然气息，这是由于北欧国家的地域特征决定的。因此，各类阔叶植物图案、麋鹿图案、火烈鸟图案等都是具有北欧特征的装饰元素，它们常出现在装饰画上

造型简洁、几何感强的灯具

在北欧风格的室内空间中，简洁且几何感强的灯具是最为常见的，比如半圆体、圆柱体、倒梯体等，有些款式的灯具和灯罩上还会印有自然元素的图案；此外，简洁且有设计感的灯具也很适合北欧风格，如羽毛灯

绿植

北欧风格空间中的自然气息，主要是靠各种绿植来营造的，而很少使用颜色比较丰富的花艺。具有代表性的是琴叶榕、龟背竹等大叶片的绿植或小型盆栽，花器有搭配麻布袋、纯白色无花纹的陶瓷盆或浅木色的编织筐等

第四节
工业风格

一、理念：适当暴露建筑结构和管道

❶ 设计理念

    工业风格起源于 19 世纪末的欧洲，就是巴黎地标——埃菲尔铁塔被造出来的年代。很多早期工业风格家具，正是以埃菲尔铁塔为变体。它们的共同特征是金属集合物，还有焊接点、铆钉这些公然暴露在外的结构组件；当然更后期的设计又融入更多装饰性的曲线。二战后，美国在材料和工艺运用上日趋成熟，塑料、板材、合金等更丰富的材料越来越多地运用到工业风格家具设计中。工业风格在美国被发扬光大，广泛用于酒吧、工作室、LOFT 住宅的装修中。

▲在工业风格的室内空间中，金属材质的应用几乎随处可见

② 风格特征

工业风格的居室最好拥有足够开敞的空间，比如 Loft 住宅、老房子、餐厅，或者是直接由工厂或仓库改造而成的（类似于北京的 798 艺术区或上海的石库门）。

材料多运用工业材料，如金属、砖头、清水墙、裸露的灯泡，适当暴露一些建筑结构和管道，墙面有些自然的凹凸痕迹最好。

▲ Loft 结构的住宅与工业风格结合具有非常和谐的效果

▲暴露的金属管道是工业风格的一大特色

▲斑驳的水泥墙也是工业风格代表元素之一

二、配色：没有主次之分的色调

工业风格的配色设计注重凸显出其原始工业感，大多采用水泥灰、红砖色、原木色等作为主体色彩，再增添些亮色配饰，减轻厚重感。如果想令空间更加个性化，可以选择黑白灰与红砖色调配，混搭交织可以创造出更多的层次变化，增添房间的时尚个性。

❶ 黑、白、灰

工业风格配色设计中比较能够展现风格特点的配色之一就是黑、白、灰的运用，在此基调之上又会适量地加入如木色、棕色、朱红、砖红等色彩来展现怀旧气息。

白色+黑色+灰色	白色+黑色+灰色+棕色/朱红色

黑色神秘冷酷，白色优雅轻盈，灰色细腻，将它们混搭交错可以创造出更多层次的变化

棕色或朱红色可以是皮革制成的家具，也可以是此类色彩的木材，与黑白灰组合粗犷而又不乏厚重感

白色+黑色+灰色+木色	白色+黑色+灰色+棕色+其他彩色

做旧处理的木质是工业风格的代表元素之一，会用在家具或地面上，所以此种配色的使用频率也非常高

以黑、白、灰三色中的两色或三色组合为基调，地面或部分家具使用棕色，其他彩色可用在墙面或软装上

❷ 砖红色

　　红砖是工业风格的一个具有显著特点的代表元素，它主要出现在墙面上，裸露全部或部分本色，所以砖红色是工业风格家居配色设计中出现频率很高的一种色彩。因为砖墙常与水泥搭配，所以砖红色常与水泥灰组合。

砖红色+白色+黑色+灰色

以灰色的水泥墙奠定工业风格古旧的基调，搭配部分砖红色，老旧却摩登感十足，白色或黑色通常会作为辅助色使用，例如用在顶面、部分墙面或家具上

砖红色+棕色+无色系

在前配色的基础上加入一些棕色做调节，层次感更丰富一些，棕色通常会用在家具及小件软装饰上，例如工艺摆件

砖红色+无色系+少数彩色

在砖红色和无色系的基调中，使用一种或两种彩色来中和灰色、砖红色的工业感，可令空间更具生活气息，彩色可用在软装部分也可用在墙面或家具上

砖红色+无色系+多彩色

在砖红色和无色系的基调中，使用多种彩色来中和灰色、砖红色的厚重感和工业感，与少数彩色的组合相比活泼感会更强一些

三、造型：打破传统的线条

工业风格是时下很多追求个性与自由的年轻人的最爱，这种风格本身所散发出的粗犷、神秘、机械感十足的特质，让人为之着迷。工业风格的造型和图案也打破了传统的形式，扭曲或不规则的线条，斑马纹、豹纹或其他夸张怪诞的图案广泛运用，用来凸显工业气质。

❶ 扭曲 / 不规则的线条

工业风格的居室最喜欢用扭曲或者不规则的线条来塑造空间表情。这样的线条可以用于空间的构成，例如两个空间之间的分隔不再用传统的墙体加门的形式来塑造，而改用在实体墙上挖出一个造型感极强的门洞；或者悬挂不规则的线索悬浮吊灯，都可以令家居环境呈现出个性化的特质。

▶不规则的线索悬浮吊灯，给方正的空间带来随性的惬意感

▲墙面不规则的造型，使砖墙与涂料面过渡得更为自然，也柔化了直线条建筑的冷硬感

② 直线或几何造型

　　工业风格的室内，常将简洁的几何形体，点、线、面，直、曲、折等造型模式，经过多种组合运用到设计之中，体现一种强烈的理性和象征，迎合了 e 时代人们追求个性的心理。

▲以线、面为主组成的电视墙造型，具有很强的理性感

▲室内整体造型不仅是点、线、面的组合，还体现了直、曲、折的变化，个性十足

四、建材：多保留原有建筑材料

工业风格的空间多保留原有建筑材料的部分容貌，比如墙面不加任何装饰，把原始的墙砖或水泥墙面裸露出来；在天花板上基本不用吊顶材料设计，把金属管道或者水管等直接裸露出来刷上统一的漆。

❶ 裸露的砖墙

传统风格的装修，都会用墙漆把墙壁上的砖块覆盖掉，刷上光洁的或者彩色的面漆。而工业风格家装则不同，大量裸露的砖墙，给人一种别致的层次感。用油漆或者白灰在墙上简单地涂刷，粗糙的质感给人一种粗犷的感觉。

▶ 裸露在外的红砖墙将工业风格的原始、朴实感展现得淋漓尽致

❷ 原始水泥墙

比起红色砖墙的浓郁复古感，原始的水泥墙更有一分沉静与现代感，无论是与红色的砖墙组合还是单独使用，都能表现出兼容了肃静感和都市感的工业气息。

◀ 粗犷、原始的水泥墙面，展现出古朴与大气之感

③ 金属与旧木

金属是种强韧又耐久的材料，其大量使用始于工业革命，因此具有显著的工业风格特征。但金属风格过于冷调，可将金属与旧木做混搭，既能保留家中的温度又不失粗犷感。

▲带有沧桑痕迹的古船木搭配黑色金属，塑造出了沧桑、粗犷的气质

④ 裸露的管线

工业风格对于管线的处理与其他的传统装饰风格不同，不再刻意将各种水电管线、管道隐藏起来，而是将它作为室内装饰的元素，经过位置及色彩配合，打造出别具一格的装饰亮点，这种推翻传统的装饰方法也是工业风格最吸引人的地方。

▲裸露的管线经过精心设计，成为个性而又别具一格的装饰

五、家具：粗犷、硬朗 + 做旧质感

　　工业风格除了在材料选用上极具特色，家具的设计也非常有特点。工业风格家具可以让人联想到 20 世纪的工厂车间，一些水管风格家具、金属材质家具、做旧的木家具、铁质架子、tolix 金属椅等非常常见，这些古朴的家具让工业风格从细节上彰显粗犷、个性的格调。

铁质架子　　　　tolix 金属椅　　　　铁架子 + 做旧木家具　　　　铁架子 + 做旧木家具

① 水管风格家具

　　工业风格的顶面会适时地露出金属管线和水管，为了搭配这一元素，出现了很多以金属水管为结构制成的家具，如同是为了工业风格独家打造的。如果家中已经完成所有装潢，无法把墙面打掉露出管线，水管风格的家具会是不错的替代方案。

◀水管造型架子与做旧模板组成的装饰架，与红砖墙搭配，具有浓郁的工业气质

▲水管造型的金属构件既是固定件，又同时具有凸显风格特征的作用

❷ 金属材质家具

工业风格居室内最常见的就是各类金属家具，全金属家具通常会涂刷上各种彩色油漆，与水泥墙或砖墙组合可增强设计的张力；金属做框架的家具，常会搭配做旧的木头或皮革，如许多金属制的桌椅会用木板来作为桌面或者椅面，或者皮革沙发面搭配金属脚或用金属包边等。

▶金属与旧木结合的玄关几，具有返璞归真的自然味道

▲黑色金属框架的置物柜，带给室内空间一种老旧却又摩登的视觉效果

六、装饰：陈旧物品＋工业元素

工业风格不刻意隐藏各种水电管线，而是透过位置的安排以及颜色的配合，将它化为室内的视觉元素之一。而各种水管造型的装饰，如水管造型的摆件，同样能体现风格特征。另外，身边的陈旧物品，如旧皮箱、旧风扇等，可以增强复古感。羊头、油画、木版画等装饰品，则是工业风格细节装饰的亮点。

▲将一辆老款式的自行车作为装饰物摆放在沙发旁，既增添了趣味性，又增强了工业气息

▶用一些老旧的车牌作为装饰物悬挂在铁网上，彰显出工业风格复古、怀旧的气质

复古元素装饰画

复古是工业风格永恒不变的设计元素，这一点也同样体现在装饰画上，带有做旧感的铁皮画、牛皮纸画及斑驳的木版画等都非常适合装饰工业风格室内空间，不仅可丰富装饰层次和增添情趣，还能强化复古感

黑色铁艺元素灯具

工业风格所使用的灯具离不开黑色铁艺的痕迹，或作为连接件使用，或作为灯罩使用，常与透明玻璃、麻绳灯组合设计，灯泡多裸露且光线多为暖色，可为居室增添温馨感和复古感

老旧感装饰

老旧感的装饰物包括旧自行车、旧皮箱、电风扇、留声机、车牌、旧齿轮等，它们均具有很强的年代感和斑驳的痕迹，摆放在家具、地面或悬挂在墙面上，可彰显出浓郁的文艺气息，为粗犷的工业风格空间增添情趣

第三章
禅意、气韵类装饰风格

本章包括了中式古典风格、新中式风格、东南亚风格和日式风格四类风格。受东方传统文化的影响，它们在选材、造型或室内布置方式等方面都具有一些禅意。

一、理念：布局对称均衡，端正稳健

❶ 设计理念

中式风格，一般都是指明清以来逐步形成的具有中国传统风格的装修。这种风格最能体现中华民族的家居风范与传统文化的审美意蕴，因而长期以来一直深受人们的喜爱。中式古典风格的装饰元素受两方面的影响，一是中国自古以来的封建等级制度严格限定了不同阶层的建筑装饰使用不同的装饰与颜色；二是中国的祥瑞文化、吉祥的图案、纹样、色彩、数字、典故等，影响了中式古典风格的装饰。

中式风格是以宫廷建筑为代表的中国古典建筑的室内设计艺术风格，气势恢弘、壮丽华贵，高空间、大进深、雕梁画栋、金碧辉煌，造型讲究对称，色彩讲究对比，装饰材料以木材为主，图案多龙、凤、龟、狮等，精雕细琢、瑰丽奇巧。

▲中式古典风格的装饰材料多以木材为主，且精雕细琢

② 风格特征

中国古典风格的构成主要体现在传统家具（多为明清家具为主）、装饰品及黑、红为主的装饰色彩上。室内多采用对称式的布局方式，格调高雅，造型简朴优美，色彩浓重而成熟。中国传统室内陈设包括字画、匾额、挂屏、盆景、瓷器、古玩、屏风、博古架等，追求修身养性的生活境界。

中国传统室内装饰艺术的特点是总体布局对称均衡，端正稳健，而在装饰细节上崇尚自然情趣，花鸟、鱼虫等精雕细琢，富于变化，充分体现中国传统美学精神。

▲中式古典风格的空间中多使用明清家具，家具布置多采用对称式布局

二、配色：沉稳、厚重的配色基调

中式古典风格会较多地使用木材，而木材又多为棕色系，因此，棕色常被用作主色使用，它的运用范围比较广泛，墙面、家具、地面等部位至少两个部位会同时使用棕色系。为了避免棕色面积过大而产生沉闷的感觉，会加入高明度或高纯度的色彩调节。

棕色+白色+淡米色/淡米黄色

白色多用在顶面及部分墙面上，棕色则可用在墙面、地面及家具上，为了丰富整体层次感，白色还可用淡米色或淡米黄色代替一部分，是比较具有朴素感和温馨感的一种中式传统配色方式

棕色+白色/米色+少数皇家色　　　　　**棕色+白色/米色+多种皇家色**

白色或米色通常大面积使用，棕色用在局部墙面、地面或家具上，同时组合一两种皇家色，可以是近似色，也可以是对比色，如黄红、红蓝等

基色的选择和使用方式与上一种配色相同，不同的是所使用的皇家色数量增加，居室内的氛围会变得更活泼一些，华丽感也有所提升

三、造型：传承中式古典建筑

中式古典风格的造型传承于中式古典建筑，能够代表中式古典家居风格的元素很多，如窗棂、镂空类造型等，窗棂上还可搭配雕刻的福禄寿字样、牡丹图案、龙凤图案、祥兽图案等类型的花板。

❶ 窗棂

窗棂是中国传统木构建筑的框架结构设计，使窗成为中国传统建筑中最重要的构成要素之一。窗棂上往往雕刻有线槽和各种花纹，构成种类繁多的优美图案。透过窗子可以看到外面的不同景观，这样窗外景色好似镶在框中挂在墙上的一幅画。

◀采用了窗棂造型的推拉门，使室内的中式古典特征更加浓郁

❷ 镂空类造型

镂空类造型可谓是中式的灵魂，常用的有回字纹、冰裂纹等。中式古典风格的居室中这些元素随处可见，如运用于电视墙、门窗等，也可以设计成屏风或隔断，丰富层次感，增添古典韵味。

▶镂空造型的隔断，具有中式风格独有的朦胧美感

四、图案：中式传统纹样的再现

　　中式传统风格中常用的图案多为中式传统纹样，如蝙蝠、鹿、鱼、鹊等装饰图案，它们具有吉祥的寓意。"蝠"寓有福，"鹿"寓厚禄，"鱼"寓年年有余，"鹊"为喜鹊报喜。"梅、兰、竹、菊"等图案也较常用，它们也具有隐喻作用，竹有寓意人应有气节，梅、松寓意人应不畏强暴、不怕困难，菊寓意冷艳清贞；另有石榴象征多子多孙，鸳鸯象征夫妻恩爱，松鹤表示健康长寿。

◀中式传统纹样的窗棂，增强了室内的中式气质

▲"梅、兰、竹、菊"纹样用在了窗上，具有强烈的古典情怀

▲以竹为题材的装饰画，具有"气节"的寓意

▲牡丹在中国传统文化中象征着富贵，此种纹样的使用为空间增添了富丽感

五、建材：重色实木奠定古典韵味

在中式古典风格的居室中，大多以重色的实木材料做家具，或使用实木打造的隔扇、月亮门状的透雕隔断分隔功用空间；墙面以古朴的青砖或中式壁纸奠定古典韵味，软装搭配亮色系的丝绸来彰显出中式独有的雅致。

❶ 木质材料

在中国古典风格的家居中，木材的使用比例非常高，而且多为重色，例如黑胡桃、柚木、沙比利等。其他部分适合搭配浅色系，如米色、蓝色、绿色、黄色等，以减轻木质的沉闷感，从而使人觉得轻快一些。

▶ 室内多处使用了实木材质，烘托出了浓郁的古典感

❷ 传统图案壁纸

单独使用木质材料装饰墙面不符合现代人的审美观念，且现代住宅即使是高、深的户型，与古代也是没有办法比较的，所以适当地使用一些带有神兽、祥纹、花鸟等类型的传统图案壁纸，不仅会让人感觉更舒适，也能够丰富层次感，减轻木材的厚重感。

▲ 花鸟图案是非常具有中式代表性的一种图案，用此种壁纸装饰墙面，使中式古典特征更突出

六、家具：名贵硬木＋明清款式

中式古典风格的布局设计严格遵循均衡对称原则，家具的选用与摆放是其中最主要的内容。传统家具多选用名贵硬木精制而成，一般分为明式家具和清式家具两大类。明清家具同中国古代其他艺术品一样，不仅具有深厚的历史文化艺术底蕴，而且具有典雅、实用的功能，可以说在中式古典风格中，明清家具是一定要出现的元素。常见的明清家具类型包括：椅凳类、桌案类、榻类、中式架子床、博古架等。

明式实木家具　　　　实木家具　　　　明式实木家具　　　　明式实木家具

① 椅凳类

明式椅凳类造型上特别讲究线条美。不以繁缛的花饰取胜，而着重于外部轮廓的线条变化，给人以强烈的线条美。清式椅凳类崇尚华丽气派，多种工艺和多种材料结合使用。雕、嵌、描金兼取，螺钿、木石并用。

◀带有繁复雕花的圆凳，彰显出中式古典家具的底蕴和美感

② 桌案类

桌案类家具的形式多种多样，造型比较古朴、方正。主要功能是用于陈放古玩佳器，或山石盆景，以供赏玩。可以根据不同的功能，摆设于中式古典风格居室的特定位置，是一种非常重要的传统家具，更是家居中鲜活的点睛之笔。

▲精美雕花、造型复杂的书桌，是书房的点睛之笔　　▲明式家具具有清雅的古典美，使空间的艺术感更浓郁

③ 中式架子床

　　中式架子床为汉族卧具，床身上架置四柱或四杆，式样颇多、结构精巧、装饰华美。装饰多以历史故事、民间传说、花马山水等为题材，含和谐、平安、吉祥、多福、多子等寓意。

◀中式古典风格的雕花架子床，不仅仅是一件家具，更是一件艺术品

④ 博古架

　　博古架是一种在室内陈列古玩珍宝的多层木架。是类似书架的木器。博古架或倚墙而立，装点居室；或隔断空间，充当屏障；还可以陈设各种古玩器物，点缀空间美化居室。

▲利用博古架来分隔空间，在增加古典气质的同时，也使空间整体的通透性更强

七、装饰：传统中式元素的沿用

中式古典风格在装饰细节上崇尚自然情趣，家具饰品精雕细琢，富于变化，充分体现出中国传统美学精神。在室内的细节装饰方面，较多使用具有中国传统韵味的款式，如仿古宫灯、书法装饰、国画装饰、文房四宝、木雕花壁挂等。

▲山水图案的屏风、花鸟图案的靠枕等，均展现出了具有中式古典气质的传统美学艺术

▲色彩浓丽的花艺、瓷器等装饰，柔化了墙面及家具的厚重感，并增添了高贵气质

书画装饰

书法及中国画是中华民族的文化瑰宝，并在世界艺术文化宝库中独放异彩。它历史悠久，注重真迹，不仅可以提高自身修养，作为装饰还能提升空间的艺术格调

木雕花壁挂

木雕花壁挂的雕刻精美，且内容常为中国传统文化的典故或带有吉祥寓意的图案。用在墙面上作为装饰物，可以使空间氛围回归古朴典雅，体现出中国传统家居文化的独特魅力

东方风格的花艺、绿植

中式古典风格的室内，由于多使用木料，所以会显得有些厚重，在家具上摆放一些具有禅意的东方风格花艺及盆景类绿植，可活跃氛围，并进一步美化环境

一、理念：以现代审美打造传统韵味

① 设计理念

20 世纪末，随着中国经济的持续复苏，建筑界涌现出各种设计理念，国学的兴起也使得国人开始用中国文化的角度审视周围的事物，随之而起的新中式风格设计也被众多的设计师溶入其设计理念。新中式风格不是纯粹的元素堆砌，而是通过对传统文化的认识，将现代元素和传统元素结合在一起，以现代人的审美需求来打造富有传统韵味的事物，让传统艺术在当今社会得到适当的展现。

▲ 新中式风格是对传统文化提炼后再与现代元素的融合

② 风格特征

　　新中式风格在设计上继承唐、明、清时期家居理念的精华，在经典古典元素提炼的基础上加入了现代设计元素，摆脱原来复杂繁琐的设计功能上的缺陷，力求中式的简洁质朴。同时结合各种前卫的、现代的元素进行设计，令严肃、沉闷的中式古典风格变得更加赏心悦目；局部采用纯中式处理，整体设计比较简洁，选材广泛，搭配时尚，效果比纯中式古典风格更加清爽、休闲，既彰显文化底蕴，又有现代温馨舒适的气息。

▲新中式风格的设计更加现代，不再沉闷、厚重

▲室内设计具有古典神韵和文化底蕴，但更温馨、更舒适

二、配色：取自苏州园林或民国民居的色调

新中式风格是对中式古典风格的提炼，将精粹与现代手法结合。色彩设计有两种形式，一是以黑、白、灰色为基调，搭配米色或棕色系作点缀，效果较朴素；另一种是在黑、白、灰基础上以皇家住宅的红、黄、蓝、绿等作为点缀色彩，效果华美、尊贵。

① 黑、白、灰组合

此种配色方式灵感来源于苏州园林和京城民宅，以黑、白、灰色为基调，有时会用明度接近黑色的暗棕色代替黑色，或在基色组合中加入一些棕色做调节，效果朴素。

白色+黑色+灰色

用黑、白、灰三色组合装饰空间，白、灰通常大面使用，黑色通常小面使用，并且可用暗棕色代替

黑、白、灰+ 原木色

以黑、白、灰中的两种或三种组合作为基调，与原木色做搭配，朴素而又不乏温馨感

黑、白、灰+ 棕色

以黑、白、灰中的两种或三种做组合为基调，搭配适量棕色，可强化厚重感和古典感，增添亲切感

无色系+ 棕色/原木色

以黑、白、灰中的两种或三种做组合为基调，搭配适量棕色或原木色，点缀以少量的暗金色或银色

② 黑 / 棕、白、灰 + 彩色

此类配色方式，是在黑 / 棕、白、灰两种或三种组合的基础上，再加以中式皇家住宅中常用的红、黄、蓝、绿、紫、青等作为局部色彩的配色方式，棕色也经常会出现在配色组合中，但使用位置或使用面积并不十分突出。

黑/棕、白、灰+单彩色

黑/棕、白、灰三色中的两色或三色组合作为配色主角，搭配皇家色中的一种

黑/棕、白、灰+近似色

最常采用的近似色是红色和黄色，它们在中国古代代表着喜庆和尊贵，是具有中式代表性的色彩

黑/棕、白、灰+对比色

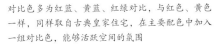

对比色多为红蓝、黄蓝、红绿对比，与红色、黄色一样，同样取自古典皇家住宅，在主要配色中加入一组对比色，能够活跃空间的氛围

黑/棕、白、灰+多彩色

选择彩色中两种以上的颜色与黑 / 棕、白、灰等色彩组合，是所有新中式配色中最具动感的一种，色调可淡雅、鲜艳，也可浓郁

三、造型：相对古典造型，更注重简洁性

新中式风格在造型的设计上以内敛沉稳的中国元素为出发点，展现出既能体现中国传统神韵，又具备现代感的新设计、新理念。室内空间的装饰多采用简洁、硬朗的直线条。搭配梅兰竹菊、花鸟图等彰显文雅气氛。

❶ 简洁硬朗的直线条

在新中式风格的居室中，简洁硬朗的直线条被广泛运用，不仅反映出现代人追求简单生活的居住要求，更迎合了新中式家居追求内敛、质朴的设计风格，使"新中式"更加实用、更富现代感。

▶硬朗直线条造型的棕色木质造型配以山水图案的壁纸构成背景墙，渲染出了悠然的意境

▲墙面上简化的中式韵味直线条造型，为新中式空间带来了律动感

❷ 无装饰的圆形

在中国古代人们一直认为人所在的世界是"天圆地方"的，这一点也体现在了建筑的室内设计中，如常见用各种圆形月亮门间隔不同空间等。而体现在新中式风格中，圆形也被沿袭下来，但其应用更简洁，仅为利落的圆形造型，边框基本不使用任何装饰。

◀圆形造型搭配水银镜使人产生了一种穿透性的视觉错觉，产生了如园林中移步换景般的奇妙效果

▲利落的圆形造型搭配写意水墨抽象画及暗藏灯带，犹如将满月镶嵌在了墙面上，诗意盎然

四、建材：新型材质与传统材质的融合

新中式风格的主材往往取于自然，如用来代替木材的装饰面板、石材等，尤其是装饰面板，最能够表现出浑厚的韵味。但也不必拘泥，只要熟知材料的特点，就能够在适当的地方用适当的材料，即使是玻璃、金属等，一样可以展现新中式风格的韵味。

① 纹理清晰的石材

新中式居室中石材的使用频率是比较高的，石材品种的选择基本没有什么限制，各种花色均可以使用，无色系时尚，浅色温馨，深色则古典韵味浓郁。但最好纹理清晰，与木线或木质饰面板搭配，更能彰显韵味。

▲纹理清晰的石材搭配深色木纹饰面板，典雅又复古

▲选择纹理类似山形的灰色石材作为背景墙，为新中式空间增添了浓郁的艺术感和些许趣味

❷ 装饰面板 / 实木线条

造型简洁的木饰面、运用到吊顶与墙面的实木线条、实木边框的装饰画等，其统一的特点是，新中式风格所用的实木一般不用雕刻复杂花纹，而是以展现线条美为主题，与浅色的墙面形成鲜明的对比，增强空间的纵深感。

▲略带一点灰调的木饰面板，搭配深色调的实木家具，质朴却又不失雅致感

▲实木线条与新中式风格的壁纸结合，塑造出了类似屏风一样的效果，简洁而又具有很强的装饰性

❸ 新中式壁纸

　　新中式风格的壁纸具有清淡优雅之风，多带有花鸟、梅兰竹菊、山水、祥云、回纹、书法文字或古代侍女等中式图案，色彩淡雅、柔和，一般比较简单，没有繁琐感。

▲花鸟图案为主的新中式风格壁纸，将室内的新中式特点烘托得更加浓郁

▲花鸟图案的壁纸画线条柔和、变化丰富，柔化了直线条造型的冷硬感

④ 浅色乳胶漆或涂料

使用一些浅色乳胶漆或涂料来涂刷墙面，例如白色、淡黄色、米色、浅灰色等，搭配木质造型或壁纸，能够形成比较明快的节奏感，体现出新中式风格中留白的意境。

◀浅灰色的涂料搭配黑白组合的家具，形成了明快的节奏感

⑤ 镜面玻璃

在新中式风格中，使用镜面玻璃可增添现代感和华丽感，通常使用的为无色系镜面或金色镜面，且多与具有中式特点的造型组合使用，如镜面做底层，上层叠加造型。

▲将金色镜面作为简化中式造型的底层，不仅增加了低调的华丽感，其高反射的特点还形成了犹如移步换景般的奇妙感

五、家具：现代而不失传统韵味

新中式的家居风格中，庄重繁复的明清家具的使用率减少，取而代之的是线条简单的新中式家具，并且融入现代元素，使得家具线条更加圆润流畅。体现了新中式风格既遵循传统美感，又加入了现代生活的简洁理念。新中式家具以文化韵味、混搭材质、人性化的功能设计，成为三代同堂家庭的共同选择。

❶ 线条简练的中式沙发

新中式沙发的扶手、背靠、座板等，融入了科学的人体工程学设计，具有严谨的结构和线条，沙发坐垫部分的填充物偏软，靠背部偏硬，加上特制的腰枕，贴合人体曲线，更具人性化设计。传统座椅也结合现代功能，如在明式家具上加上沙发垫等。

◄沙发上的木框架彰显出了中式神韵，而米灰色的布艺不仅丰富了配色层次，还能够满足使用的舒适性

❷ 无雕花架子床

无雕花架子床继承了传统中式架子床的框架结构，但在设计形式上却结合了现代风的审美视角，更为简洁、明快，选用的材料也更为舒适。

▶简洁样式的架子床更利落，与直线条为主的墙面造型组合，体现出了新中式风格中现代元素的运用

❸ 简约化的罗汉床

　　罗汉床是一种非常具有中式风格代表性的家具，在新中式风格中其设计突破了传统中式风格中的繁复的雕花造型，更多的使用直线条造型，整体使人感觉更轻盈。更符合现代人生活习惯的同时，又不失原本的中式风质感。

◀较大的卧室中，摆放一张罗汉床既能强调新中式主题、起到装饰作用，又扩展了卧室的实用性功能

❹ 更现代的圈椅

　　圈椅是新中式家居中常见的家具，其带有弧度的线条在直线条为主的空间中，展现出简洁而又富有造型感的空间氛围，令人在家居中享受到惬意与舒适。与传统的圈椅不同，新中式风格中使用的圈椅造型更简练，且材质也不再仅限于实木材质，金属、布艺等也常被用于圈椅上。

◀用圈椅与简练的中式沙发组合，即使搭配的是现代感极强的茶几，也能让空间具有浓郁的新中式气质

六、装饰：更加广泛的中式摆件

新中式风格在装饰品选择上，比古典中式更加广泛。如鸟笼、根雕、青花瓷等类型的饰品，都会给新中式家居营造出休闲、雅致的古典韵味。另外，中式花艺源远流长，可以作为家居中的点睛装饰；但由于中式花艺在家居中的实现具有局限性，因此可以用松竹、梅花、菊花、牡丹、盆景等带有中式特有标签的植物，来创造富有中式文化意韵的室内环境。

◀茶几上的装饰虽然数量少，但却每种都有新中式风格的代表性，错落有致的组合起来，不仅雅致且具有一定的艺术感

▲茶几及角几上摆放的几盆绿色盆栽，为以黑白灰为主的空间增添了盎然的绿意

水墨抽象画	中式韵味陶瓷摆件

除了传统水墨画外，带有创意性的水墨抽象画也可以表现出新中式中的传统意境，黑白或彩色均可	具有典型中式韵味的陶瓷摆件，例如青花瓷瓶、花鸟图案瓷瓶等，可以让新中式的特征更显著
带有中式符号的灯具	鸟笼装饰

在新中式空间中，可以使用完全现代的灯具，但若使用带有中式符号的灯具则可使复古气息更浓郁	鸟笼是非常具有中式传统特点的一种装饰，在新中式风格空间中，则可选择更现代、更简洁的款式
根雕摆件	花艺、绿植
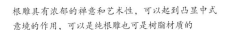	
根雕具有浓郁的禅意和艺术性，可以起到凸显中式意境的作用，可以是纯根雕也可是树脂材质的	东方风格的花艺及盆景重视线条与造型的灵动美感，以优雅见长，能够为新中式空间增添灵动美

第三节
东南亚风格

一、理念：讲求自然、环保

① 设计理念

　　东南亚风格是源于东南亚当地文化及民族特色，并结合现代人的设计审美而形成的一种装修风格。东南亚风格讲究自然性、民族性，同时讲究自然与人的和谐统一，静宜而精致，融合了当地佛教文化，也具有禅意韵味。

▲东南亚风格讲究自然性，并具有禅意

❷ 风格特征

（1）取材自然

　　东南亚风格取材天然，讲求自然、环保的设计理念。无论硬装还是软装均遵循这一特征。会在顶面做大量木质脚线，家具基本上以原木色为主。另外，一些工艺品、灯具多以藤条、木皮之类的材料制作，充满自然材质的气息。

▲东南亚风格的室内空间中，顶面、墙面、地面及家具等多取材于自然

（2）浓郁的色彩搭配

　　东南亚风格讲求利用浓郁的色彩体现异域风情，尤其表现在布艺装饰中。即使空间色彩以原木色为主，也会在沙发、睡床等处摆放色彩斑斓的泰丝抱枕来制造绚丽的色彩印象；也可以摆放一些颜色鲜艳的花束在餐桌上，彰显东南亚风格色彩丰富的特点。

▲浓郁的绿色装饰，为空间带来异域情调

二、配色：浓郁、神秘的色彩搭配

东南亚家居风格崇尚自然，多采用来源于木材和泥土的褐色系，体现自然、古朴、厚重的氛围，此类色彩在室内空间中必不可少。另外，东南亚地处热带，气候闷热潮湿，在家居装饰上常用夸张艳丽的色彩冲破视觉的沉闷，常见神秘、跳跃的色彩。

❶ 大地色系

东南亚风格中的自然类的材料多使用本色，因此大地色系的使用频率非常高。做此种配色时，可将家具的颜色控制在棕色或咖啡色系范围内，再用白色或米黄色全面调和。

大地色+白色+米色

是最具有素雅感的东南亚风格配色，它传达的是简单的生活方式和禅意

大地色+白色/米色

可以大地色为主色，也可以米色或白色为主色，为了避免单调感，可少量点缀一点儿其他色彩做调节

大地色+ 白色+ 绿色

用绿色搭配大地色，是具有看到树木般亲切感的配色方式，东南亚风格中的此种配色当中，通常是用大地色做主色的，绿色和大地色之间的明度对比宜柔和一些

❷ 浓郁或艳丽的色彩

此类东南亚风格色彩组合方式中，仍然离不开大地色的基调，浓郁或艳丽的色彩通常是用泰丝材质的布艺来呈现的，而后搭配黄铜、青铜类的饰品以及藤、木等材料的家具，是东南亚风格中具有代表性的配色方式。

大地色+冷色	大地色+紫色

以大地色系做主色，冷色做部分背景色、配色或点缀色，冷色使用的多为浓色调，常用的为孔雀蓝、青色、宝蓝色等

以大地色为基调，搭配紫色，具有神秘而浪漫的感觉，展现一种具有神秘感的异域风情，在东南亚风格中紫色多搭配泰丝或者布艺

大地色+对比色	大地色+多彩色

为了缓解大地色的厚重感，还会出现用对比色做点缀的情况，例如在大地色的家具上使用红色、绿色的软装饰组合

以大地色作为主色，搭配紫色、黄色、橙色、绿色、蓝色等色彩中的至少三种色彩，这些色彩通常以点缀色的形式出现，是最具魅惑感和异域感的色彩搭配方式

三、图案：热带元素 + 禅意风情

东南亚风格的家居中，图案主要来源于两个方面：一种是以热带风情为主的花草图案，另一种是极具禅意风情的图案。另外，充分彰显民族风情的大象图案也常常出现在家居设计中。

① 雨林植物图案

热带雨林中的植物图案是非常具有东南亚风格代表性的图案，如棕榈叶、花草图案等，此类图案色彩大多为同色系组合，非常协调，多用墙面壁纸、靠枕或床品的形式来呈现。

▶雨林植物图案的靠枕，为大地色为主的空间带来了活跃的氛围，同时也让东南亚风格的特征更加凸显出来

▲雨林图案的壁纸搭配大型绿植，使人犹如置身于热带雨林之中，自然气息浓郁

② 禅意图案

南亚具有独特的宗教信仰，带有浓郁宗教情结的图案也较常使用，例如佛像、佛手，它们大多作为点缀出现在家居环境中。除此之外，寺庙中的常见造型也会被用于室内设计中，出现在背景墙造型、屏风等处。

▲用寺庙中的元素做墙面造型，具有浓郁的禅意

四、建材：就地取材的天然材质

东南亚因地处热带，自然资源丰富，一般都是就地取材，所以东南亚风格室内取材基本都是源于纯天然材料，如藤、木、棉麻、椰壳、水草等，这些材质会使居室显得自然、古朴。

❶ 木类建材

木材在东南亚家居中的运用十分广泛。例如，会出现在家具、地面、吊顶和墙面的装饰线之中，也会用木饰面板作为整体墙面的设计。另外，在东南亚风格中，木皮灯具是一种非常具有风格特色的物件。

▶棕色的木质建材具有亲切、厚重的自然感，可以很好地表现出东南亚风格崇尚自然的特征

▲顶面、墙面、地面及家具上均有木质材料的身影，搭配米黄色的墙面，温馨而又不乏节奏感

❷ 椰壳板

椰壳板的原料为椰壳，通过手工制作粘贴而成，由于原料具有浓郁的雨林特征，常被用在东南亚风格的室内做装饰。除了用来装饰背景墙外，还可以粘贴在柜门上，来增添原始感和自然气息。

▲椰壳板背景墙与家具的色彩具有呼应性，同时也因为质感的不同极大地丰富了室内装饰的层次感

❸ 自然元素壁纸

东南亚风格的室内常用壁纸，多带有自然类元素，或为自然材质编织的款式，或带有自然元素的图案，如棕榈叶、动物、树木等，以凸显东南亚风格浓郁的自然气息。

▶棕榈为主题的壁纸，使人犹如置身于原始热带丛林，为空间带进来盎然的生机

五、家具：体现自然、浓郁的地域特色

东南亚风格的家具具有来自热带雨林的自然之美和浓郁的民族特色，选材上讲求原汁原味，制作上注重手工工艺带来的独特感，属于混搭风格，不仅和印度、泰国、印尼等国家相临，还包含东方风格的韵味。东南亚风格的家具虽然外观宽大，但却具有牢固的结构，讲求品质的卓越。

手工木质家具　　　　实木雕刻家具　　　　原色实木家具　　　　实木雕刻家具

① 木雕家具

　　木雕家具是东南亚风格室内空间中最抢眼、最个性的部分，其中，柚木是制成木雕家具的上好原料。柚木家具不易变形，带有特别的香味，其刨光面颜色会氧化而成金黄色，颜色会随时间的延长而更加美丽。

▲东南亚风格的木雕家具，经过手工雕琢制成，具有很强的艺术感

② 藤制家具

　　藤制家具天然环保，可以媲美中高档的硬杂木材。在东南亚风格中，常见藤制家具的身影，既符合追求天然风格的诉求，其本身也能充分彰显出来自天然的质朴感。除了全藤编的款式外，藤材也经常与木质材料组合，制成更具层次感的家具。

◀藤艺家具可以表现出东南亚风格天然、质朴的一面

六、装饰：蕴藏较深的泰国古典文化

东南亚风格的工艺品富有禅意，蕴藏较深的泰国古典文化，也体现出强烈的民族性，主要表现在大象饰品、佛像饰品的运用。另外，东南亚风格的居室也常见纯手工制作而成的装饰品，如木雕画、人物木雕、手工锡器，或者竹节袒露的竹框相架等，均带着几分拙朴；有时也会使用做旧感的黄铜制作各种动物雕塑、佛头等。

◀两片大叶片绿植搭配铜雕佛像，虽然摆设非常简单，却将东南亚风情展现得淋漓尽致

▲与庙宇有关的摆件、大象元素的装饰等，均可用来表现东南亚风格的地域风情

木雕饰品

东南亚木雕的木材和原材料包括柚木、红木、桫椤木等。木雕画、大象木雕、雕像和木雕餐具都是很受欢迎的室内装饰品，摆放在空间内可增添东南亚风格的文化内涵

宗教、神话题材饰品

东南亚作为一个宗教性极强的地域，其大部分国家的人们都信奉佛教，常把佛像或与之相关的饰品作为一种信仰符号体现在室内装饰中

渗透于细微之处的绿化设计

东南亚风格的绿化是亮点之一，室内的绿化植物一般以大株植物为主。需要注意的是，所挑选的绿植种类要符合当地天气，有条件的甚至可以在室内做一个小型植物园

一、理念："和洋并用"的融合性

① 设计理念

日式风格又称和式风格，起源于中国唐代。日本学习并接受了中国初唐低矮案的生活方式，一直保留至今，并形成了独特、完整的体制。其间，在日本明治维新以后，西洋家具伴随西洋建筑和装饰工艺强势登陆日本，对传统日式家具形成巨大冲击，但传统日式家具并没有因此消失，而是产生了现代日式家具。因此，在现代日式风格中，"和洋并用"的生活方式被大多数人所接受，全西式或全和式都很少见。

▲日式风格具有"和洋并用"的融合性

② 风格特征

（1）流动的空间形态

日式风格直接受日本和式建筑影响，讲究空间的流动与分隔，流动则为一室，分隔则分几个功能空间，空间中总能让人静静地思考，禅意无穷。

▲日式风格的室内空间中，具有很强的流动性

（2）摒弃繁复的设计手法

现代日式风格运用几何学形态要素以及单纯的线、面交错排列处理，尽量清除多余痕迹，采用取消装饰细部处理的抑制手法来体现空间本质，并使空间具有简洁明快的时代感。

（3）力求与自然景色相融

日式风格在进行室内设计时，力求与大自然融为一体，借用位于建筑外部的自然景色，为室内带来生机，选用材料也特别注重自然质感，以便与大自然亲切交流，其乐融融。

▲日式风格的居室具有简洁、明快的感觉

▲选材注重自然质感，以增添亲切、温馨感

二、配色：以素雅为主，不讲究斑斓

日式风格在色彩上不讲究斑斓美丽，通常以素雅为主，淡雅、自然的颜色常作为空间主色。在配色时通常要表现出自然感，因此树木、棉麻等本身自带的色彩，在日式风格中体现得较为明显。另外，由于日本传统美学对原始形态十分推崇，因此在日式家居中不假雕琢的原木色是一定要出现的色彩，可以令家居环境更显干净、明亮，同时形成一种怀旧、怀乡、回归自然的空间情绪。

木色+ 白色/ 米黄色	木色+ 无色系

木色可大量运用在家具、吊顶之中，用白色作搭配，可以使空间显得更干净，搭配米黄色则更柔和

可营造出朴素而不乏细腻感的装饰效果，木色常作为家具、木搁架的色彩

木色+浊色调彩色

在木色搭配白色或灰色塑造的空间中，加入浊色的彩色点缀，可以提升空间的通透感，浊色调是比较节制的色彩，符合日式风格素洁的要求，与木组合色，可令配色印象更富张力

三、图案：日式和风纹样的体现

日式风格家居给人的视觉观感十分清晰、利落，图案方面，常见樱花、浅淡水墨画等用于墙面装饰，十分具有日式特色。而在布艺中，则常见日式和风花纹，令家居环境体现出唯美意境。

❶ 日式传统图案

此类图案具有浓郁的日式民族特征，使人看到图案的第一眼就能够联想到日式风格，包括：樱花、海浪、团扇、浮世绘、日本歌舞伎、鲤鱼和仙鹤图案等，此类图案大多构成比较复杂，却具有强烈的装饰效果，使用时需注意面积的控制。

◀浮世绘元素的门帘，具有显著的日式特征，具有强化风格特征的作用

❷ 水墨图案

中式水墨图案中的淡雅和禅意与日式风格的内涵相符，因此日式空间中也常用淡雅的水墨图案作装饰，它最常出现在装饰画上。

▲水墨画讲究留白处理，因此具有浓郁的禅意，很适合用来装饰日式风格的空间

四、建材：自然界原材料的运用

日式风格注重与大自然相融合，所用的装修建材也多为自然界的原材料，如木质、竹质、纸质、藤质等天然绿色建材被广泛应用。

1 木质材料

木材在日式风格中十分常见，既表现在硬装方面，也表现在软装方面。硬装常见大面积的木饰面背景墙，营造出天然、质朴的空间印象。软装方面，成套的木质家具，以及订制的装饰柜常作为空间的主角色以及配角色；另外，木质建材还会出现在灯具的外框架上。

▲木材不仅用在硬装部分，家具也会较多地使用木质材料

2 和纸

和风纸质灯具可以很好地透出光线温和的暖光，体现出悠悠禅意。另外，日本障子纸是日式风格中门窗中的常见材料，障子门、障子窗既有实用功能，又能充分体现出日式风格的侘寂、清幽之感。

▲和纸推拉门具有显著的日式特征，搭配草编窗帘，塑造出清幽之感

❸ 草编藤类建材

　　草编藤类建材在日式风格中，常表现在榻榻米之中，也会作为吊顶的装饰材料，体现一种回归原始的自然状态。另外，蒲团作为日式风格中的标志性元素，也体现出藤类建材在日式风格中的广泛运用。

◀草编榻榻米不仅使用起来非常舒适，而且对健康有益

❹ 竹质材料

　　竹质材料可作为灯具的外装饰，体现出天然质感；也可以直接将竹节作为墙面装饰，体现创意，同时也不失自然感。

▲竹材吊顶、藤条灯，以及草编榻榻米，这些装饰之间的搭配使用，烘托出了具有浓郁自然感和温馨感的日式氛围

五、家具：低矮、节制、环保

日式家具低矮、体量不大，多使用自然类材质，如木质、棉麻布艺等，布置时的运用数量也较为节制，力求保证原始空间的宽敞、明亮感。另外，带有日式本土特色的家具，如榻榻米、日式茶桌等，大多材质自然、工艺精良，体现出在品质上的追求。

木质家具　　　　　　　低矮的木质家具　　　　　　木质家具

1 日式传统家具

　　传统的日式家具以其清新自然、简洁的独特品位，形成了独特的家具风格，将其摆放在现代空间中，可以非常简单地就营造出闲适、悠然自得的环境氛围。较为典型的代表为榻榻米、茶桌及榻榻米座椅等，具有显著的和式民族特色。

▲日式升降茶桌具有显著的民族特征，可塑造出强烈的和式韵味

▲榻榻米、原木茶桌与和纸拉门相搭配，使空间充满了悠然自得的情调

❷ 原木色家具

现代日式空间中，多使用具有简洁线条的原木色家具进行装饰。此类家具秉承日本传统美学中对原始形态的推崇，原封不动地表露木材质地面，加以精密的打磨，表现出素材的独特肌理，使城市人潜在的怀旧、怀乡、回归自然的情绪得到补偿。

◀原木色的家具搭配简洁的线条，具有回归自然的情怀

▲原木色的家具为黑、白、灰为主的空间带来了温馨感和人文情怀

六、装饰：日式元素 + 禅意饰品

日式风格家居中的装饰品同样遵循以简化繁的手法，求精不求多。利用独有风格特征的工艺品，来表达其风格本身特有的韵味。装饰品一般来源于两个方向，一种是典型的日式装饰，如像招财猫、和风锦鲤装饰、和服人偶工艺品、浮世绘装饰画等；另一种为体现日式风格侘寂情调的装饰，如清水烧茶具、枯木装饰等。

▲日式花艺搭配黑白抽象画，塑造出了浓郁的禅意

◄枯木摆件搭配干花装饰，既与空间内的整体装饰相协调，又渲染出了日式风格的侘寂情调

浮世绘装饰画

题材丰富，包括美人绘、役者绘、风景、花鸟、历史等素材。可以凸显日式风格的民族性，也能起到丰富空间配色的作用，可以整幅悬挂，也可以选择两三幅组合悬挂

日式特点摆件

在日式风格空间中摆放一些具有显著日式特点的摆件，能够起到强化风格特征的作用，如具有招财招福寓意的招财猫、具有日式传统特点的和服玩偶、日式武士刀等

枯枝/枯木装饰

此类装饰时取材天然的装饰物，吻合日式风格追求自然的特性，带有侘寂情愫，拙朴、简素、野趣，与日式风格大量原木色设计在色彩上相协调

第四章
富丽、轻奢类装饰风格

本章包括了欧式古典风格、新欧式风格及法式宫廷风格三类风格。其发源地均在欧洲，受欧洲传统文化的影响，在选材、造型、配色设计等方面都具有富丽或低调奢华的特点。

第一节
欧式古典风格

一、理念：体现浓厚的历史内涵

① 设计理念

　　欧式古典主义的初步形成，始于对文艺复兴运动推崇的和谐统一风格的反叛和冲击。在法国路易十四时代，表现为巴洛克风格；路易十五时代，表现为洛可可风格。两种风格均以追求不平衡的跃动型的装饰样式为特征，前者表现出来的是宏伟、生动、热情奔放的艺术效果，后者则运用流畅自如的波浪形曲线、贝壳状纹样处理家具的外形和室内装饰，致力于追求纤巧华丽，强调实用、轻便与舒适。而后，形成了古典欧式具有代表性的室内装饰流派。

▲欧式古典风格以追求不平衡的跃动型装饰样式为特征

❷ 风格特征

欧式古典风格室内色彩鲜艳，光影变化丰富；室内多用带有图案的壁纸、地毯、窗帘、床罩及帐幔以及古典式装饰画或物件；为体现华丽的风格，家具、门、窗多漆成棕红色，家具、画框的线条部位饰以金线、金边。它追求华丽、高雅，典雅中透着高贵，深沉中显露豪华，具有浓厚的文化韵味和历史内涵。

▲ 欧式古典风格室内具有强烈的华丽感

二、配色：富丽堂皇的色彩搭配

典型的古典欧式风格，以华丽的装饰、浓烈的色彩、精美的造型达到雍容华贵的装饰效果。在色彩上，欧式古典风格经常运用明黄、金色、红棕色等古典常用色来渲染空间氛围，营造出富丽堂皇的效果，表现出古典欧式风格的华贵气质。

① 金色 / 黄色

金色与明黄具有炫丽、明亮的视觉效果，能够体现出欧式古典风格的高贵感，常见的有精致雕刻的描金家具、金漆装饰物、墙面搭配金色雕花线条等。

金色/黄色+象牙白

在色彩上，欧式古典风格经常运用明黄、米黄、金色等古典常用色来渲染空间氛围，营造出富丽堂皇的效果，表现出古典欧式风格的华贵气质，通常会搭配象牙白来调节层次

金色/黄色+彩色

在第一种主调的基础上加入华丽的彩色来活跃氛围并增加奢华感，彩色选择具有欧式代表性的紫色、红色、蓝色等，可单独使用一种颜色也可多种组合

❷ 红棕色

红棕色沉稳的色调具有古典气质，符合欧式古典风格的诉求。在空间设计中，常见大气、精美的红棕色兽腿家具、红棕色护墙板，充分营造出华贵、典雅的欧式空间，彰显贵族气息。

红棕色+金色/银色

通常是以红棕色木质材料加金漆或银漆描边，如家具、墙面装饰等。此种配色方式能够彰显欧式古典家居奢华、大气之感

红棕色+蓝色系

红棕色与蓝色属于对比色组合，如果觉得大面积的红棕色显得有些沉闷，就可以选择或淡雅或浓郁的蓝色系列的家具或饰品与其组合，用色彩对比活跃氛围

三、造型：欧式建筑造型的简化运用

欧式古典风格中涡卷与贝壳浮雕是常用的图案装饰，表面常采用漆地描金工艺，画出风景、人物、动植物纹样，有些家具雕饰上包金箔。欧式古典风格的造型多以罗马柱、拱及拱券、壁炉等，来营造豪华、大气的感觉。

❶ 罗马柱

多力克柱式、爱奥尼克柱式、科林斯柱式是希腊建筑的基本样式，也是欧式建筑及室内设计最显著的特色。古典欧式的室内罗马柱结合了现代的工艺技术与审美角度，多用大理石或石膏板制作而成，彰显空间的豪华大气之感。

▲背景墙两侧使用罗马柱做设计，彰显豪华大气之感

❷ 壁炉

在古代欧洲，壁炉是室内靠墙砌的生火取暖设备。因此壁炉是西方文化的典型载体，选择欧式古典风格的家装时，可以设计一个真的壁炉，也可以设计一个壁炉造型，辅以灯光，就能营造出极具西方情调的生活空间。

◀壁炉装饰具有典型的欧式特征，可以强化室内的欧式气质

四、图案：经典欧式纹样的体现

欧式风格具有一些代表性图案，包括有：大马士革纹、佩兹利纹、卷草纹、朱伊纹等，除此之外，一些圣经故事或神话故事，也经常被绘成图案。这些图案通常是采用壁纸、布艺等形式呈现在空间内的。

◀欧式经典花纹的壁纸，搭配玫瑰纹的床头，渲染出浓郁的欧式情怀

▲墙面、地面、座椅上都使用了不同类型的欧式经典纹样，既相互呼应又具有丰富的变化

五、建材：质感与品质双重加持

在欧式古典风格的家居中，地面材料以拼花石材或者地板为主。在材料选用上，以高档红胡桃饰面板、天然石材、仿古砖、描金石膏装饰线等为主。墙面饰面板、古典欧式壁纸等硬装设计，应与家具在色彩、质感及品位上完美地融合在一起。

① 软包造型

软包是指一种在表面用柔性材料加以包装的装饰方法，可以使用皮革或布艺材料，质地柔软，造型很立体，能够柔化整体空间的氛围，一般可用于背景墙或家具上。其纵深的立体感亦能提升家居档次，是欧式古典家居中常用到的装饰材料。

▲软包墙面搭配软包床头，奢华而又不乏舒适感

▲软包设计的背景墙，柔化了空间的整体氛围，并提升了华丽感

② 石材

　　石材在欧式古典家居中被广泛应用于地面、墙面、台面、柱体等装饰，多种颜色的石材搭配，还可以做拼花处理，来体现欧式古典风格的雍容与大气。

▲墙面、地面使用了米黄色与蓝色的石材组合，大气而不乏清新感，让人感觉非常舒适

③ 护墙板

　　护墙板是从埃及时期开始盛行的，有着非常深远的文化历史与意义。它可以根据需求进行设计，不仅能有效保护建筑墙面，又能够展现出欧式古典风格的年代感。

▶白色的护墙板搭配蓝色壁纸，不仅能保护墙面，也彰显出欧式古典风格的底蕴

六、家具：宽大精美 + 雕花纹饰

欧式古典风格的家具做工精美，轮廓和转折部分由对称而富有节奏感的曲线或曲面构成，并装饰镀金铜饰，艺术感强，基本都带有繁复的雕花装饰。常见的家具类型有兽腿家具、贵妃沙发床、床尾凳等。由于欧式家具的造型大多较为繁复，因此数量不宜过多，否则会令居室显得杂乱、拥挤。

❶ 兽腿家具

欧式古典风格的家居中，往往会选择兽腿家具。其繁复流畅的雕花，能够增强家具的流动感，令家居环境更具质感，更可表达对古典艺术美的崇拜与尊敬。

▶金色与红色搭配的瘦腿餐椅，彰显出十足的华丽感

❷ 欧式贵妃榻

欧式贵妃榻有着优美玲珑的曲线，沙发靠背弯曲，靠背和扶手浑然一体，可以用靠垫坐着，也可把脚放上斜躺。这种家具运用于欧式古典家居中，可以传达出奢美、华贵的宫廷气息。

◀在室内摆放一张欧式古典风格的贵妃榻，可提升华贵的气质

③ 欧式四柱床

四柱床起源于古代欧洲，贵族们为了保护自己的隐私便在床的四角支上柱子、挂上床幔，后来逐步演变成利用柱子的材质和工艺来展示居住者的财富。

◀雕刻精美的欧式四柱床，为空间增添了华贵、典雅气质

④ 床尾凳

床尾凳并非卧室中不可缺少的，但却是欧式家居中很有代表性的家具，具有较强的装饰性和少量的实用性，对于经济状况比较宽裕的家庭建议选用，可以从细节上提升卧房品质。

◀床尾凳不仅可使卧室的功能更多样，且可填补空白，提升品质感

七、装饰：散发西方传统文化底蕴

欧式古典风格在配饰上，以华丽、明亮的色彩，配以精美的造型达到雍容华贵的装饰效果。局部点缀绿植鲜花，营造出自然舒适的氛围。如沉醉奢华的水晶灯，营造出精致、华贵的居室氛围；金框西洋画利用透视手法营造空间开阔的视觉效果。雕像则充满动感，富有激情。

▲华丽的水晶吊灯，提升了空间整体的华丽感，也使光影变化更丰富

金框西洋画

在欧式古典风格空间中，最适合用西洋画做装饰，以油画为代表，它色彩丰富鲜艳，可以营造出浓郁的艺术氛围，表现业主的文化涵养。欧式古典风格选用线条繁琐，看上去比较厚重的金边画框才能与之匹配

水晶吊灯

在欧式风格的家居空间里，灯饰设计应选择具有西方风情的造型，比如水晶吊灯，这种吊灯给人以奢华、高贵的感觉，很好地传承了西方文化的底蕴

雕像

欧洲雕像有很多著名的作品，在某种程度上，可以说欧洲承载了一部西方的雕塑史。因此，一些仿制的雕像作品也被广泛地运用于欧式古典风格的家居中，体现出一种文化传承

第二节
新欧式风格

一、理念：高雅、和谐是其代名词

❶ 设计理念

　　生活在现代繁杂多变的世界里，人们向往简单、自然却能让人身心舒畅的生活空间；同时，纯正的古典欧式室内设计风格适用于大户型与大空间，在中等或较小的空间里就容易给人造成一种压抑的感觉，于是设计师们便利用室内空间的解构和重组，将欧式风格加以简约化、质朴化，打造一个看上去明朗、宽敞、舒适的家，来消除工作后的疲惫，忘却都市的喧闹，于简约空间中也能感受到欧式的宁静和安逸。

▲新欧式风格是欧式古典风格与现代元素融合的产物，更简约更质朴

❷ 风格特征

新欧式风格是经过改良的古典主义风格，高雅而和谐是其代名词。在家具的选择上既保留了传统材质和色彩的大致风格，又摒弃了过于复杂的肌理和装饰，简化了线条。因此新欧式风格从简单到繁杂、从整体到局部，都给人一丝不苟的印象。

▲新欧式是对欧式古典风格的改良

▲新欧式居室具有高雅而和谐的气质

二、配色：色彩设计高雅、唯美

新欧式风格仍然具有传承的浪漫、休闲、华丽大气的氛围，但比传统欧式更清新、内敛。色彩设计高雅而唯美，多以淡雅的色彩为主，白色、象牙白、米黄色、淡蓝色等是比较常见的主色，以浅色为主、深色为辅的搭配方式最常用。

❶ 白色为主

背景色多为白色，搭配黑色、灰色等时尚感最强；搭配金色或银色，能够体现出时尚而又华丽的氛围；搭配米黄、蓝或绿，是一种别有情调的色彩组合。

无色系组合

白色通常不仅用在背景色上还会同时用在主角色上，灰色与白色穿插大面积使用，而黑色则常做跳色，金色和银色多做点缀，效果大气而不乏时尚感

白色+灰色+彩色

通常以白色或白色和灰色组合为主，可组合的彩色范围较广泛，如蓝色、蓝紫色、绿色、粉色、紫色、紫红色等均较为常用，根据组合彩色种类的不同，可渲染出不同的氛围，如组合蓝色、绿色较为清新等

❷ 大地色系

以棕色系、茶色系、蜂蜜色等大地色为主，组合白色的同时，可加入绿色植物、彩色装饰画或者金色、银色的小饰品来调节氛围。若空间不够宽敞，不建议大面积使用大地色系做墙面背景色，容易使人感觉沉闷。

大地色+无色系

白色和浅灰色可大量使用，黑色或深灰色则通常会少量使用，大地色多以家具、地板、地毯、靠枕等方式加入进来，整体呈现朴素中具有复古感的效果

大地色+无色系+彩色

在大地色与无色系中两种或多种色彩组合的基础上，加入少量彩色，可活跃空间的整体氛围，但整体氛围不会过于热烈和刺激，而是具有高雅感

三、图案：以简洁线条代替复杂花纹

古典欧式的花饰、造型繁多，而新欧式风格则以简洁的线条代替复杂的花纹，如墙面、顶面采用简洁的装饰线条构建层次。软装则加入大面积欧式花纹、大马士革图案等为空间增添欧式风情。

❶ 简练的线条

在新欧式风格中，通常不会设计过于复杂的造型，而多使用具有简练感线条的图案和造型，如线形组成的几何图案布艺，或一般出现在顶面或墙面上的简练的装饰线造型等，既能突显出空间的层次感，又可使其带有一些欧式特征。

▶ 直线条为主的造型，简洁、利落、而又将欧式风格的内在韵味表现了出来

▲简化后的欧式线条与护墙板组合，精致而又不乏现代气质

❷ 欧式图案

除了简练线条的图案外，欧式古典风格中的代表性图案，均可用在新欧式风格的家居中，只是使用的方式略有不同。新欧式风格中此类图案更多地会用在壁纸或布艺上，而基本不再用作家具造型。

▲欧式图案的壁纸，搭配具有欧式特征的床，彰显新欧式风格的底蕴

▲多处同类欧式花纹的组合搭配，既富有层次，又不显得混乱

四、建材：充分利用现代工艺

新欧式风格软装饰充分利用现代工艺，使玻璃、铁艺、石材、瓷砖、欧式花纹壁纸等综合运用于室内。除此之外，简化了造型的护墙板也非常常见，它可搭配乳胶漆、壁纸及硬包造型等组合使用。

❶ 硬包造型

在新欧式风格的室内空间中，比起欧式古典风格中常见的软包造型来说，硬包造型的出现频率更高一些，硬包造型比软包更简洁也更硬朗，更符合新欧式风格的特点。它多用于背景墙部分，通常为素色，周边可用线条或铆钉作装饰。

▶ 硬包造型搭配具有欧式韵味的家具和装饰镜，简洁而又具有品质感

▲护墙板的中心部位设计为硬包造型，与软包床头形成了同色不同质感的对比，统一而又具有变化

❷ 镜面玻璃

新欧式风格摒弃了古典欧式的沉闷色彩，镜面技术被大量运用到家具和饰品上，营造出一种冰清玉洁的居室质感，另外，除了有较强的装饰时代感外，其反射效果能够从视觉上增大空间，令空间更加敞亮。

▲水银镜与金色的金属组合用于顶面和墙面，为新欧式居室增添了强烈的华丽感和时尚感

❸ 大理石

大理石可用于墙面也可用于地面，用作地面时，需要根据户型的特点来选择，如果是复式或别墅，一层可以整体铺贴大理石，加入一些拼花设计，来彰显大气感；如果是平层结构，可以在公共区铺设大理石，面积小的情况下，可以不做拼花或做小块面的拼花。

▶大理石材质的壁炉，使空间内的欧式特征更加突出

五、家具：传承古典，摒弃繁复

　　新欧式风格的家具一般会选择简洁的造型，弱化了古典气质，增添了现代情怀，充分将时尚与典雅并存的气息流于家居生活空间。新欧式风格的家具主要强调力度、变化和动感，沙发华丽的布面与精致的描金互相配合，把高贵的造型与地面铺饰融为一体。

简化线条的欧式家具　　　　　金漆装饰家具　　　　　简化线条的欧式家具

① 简化线条的欧式气质家具

新欧式风格中往往会采用线条简化的欧式气质家具。这种家具虽然摒弃了古典欧式家具的繁复，但在细节处还是会体现出西方文化的特色，多见精致的曲线或图案，令家居空间优雅与时尚共存，适合当代人的生活理念。

◀曲线实木框架搭配软包床头的床，具有显著的欧式特征，但造型更简洁，适合当代人的生活理念

② 描金漆 / 银漆家具

黑色、白色等颜色的漆底与金色 / 银色相衬托，搭配具有简洁感的造型，是新欧式风格家居中经常用到的家具类型。着力塑造出尊贵又不失高雅的居家情调。与古典家具相比，金漆、银漆的设计被大量减少，仅在关键部位使用一两处作为装点。

◀简洁感的金漆家具无需过多，只有一个就可以彰显出新欧式空间中尊贵的情调

六、装饰：艺术化 + 对称布局

新欧式风格注重装饰效果，用室内陈设品来增强历史文脉特色，往往会较多地参照欧式古典风格的陈设布置方式来烘托室内环境气氛，如对称式布局等。同时，新欧式风格的装饰品讲求艺术化、精致感，如金边欧风茶具、金银箔器皿、玻璃饰品等都是很好的点缀物品。

◀ 若追求一种具有底蕴的新欧式气质，摆放装饰品时，可采取对称式布局

▲ 对称式的家具及灯具搭配不对称的装饰品，典雅而又不乏律动感

艺术感强的装饰画

新欧式空间内除了可使用一些画框造型比较简单的油画外，还可选择配色典雅、艺术感强的装饰画，以凸显其高雅的气质，如黑白灰色系建筑、人物、动物的类型或配色淡雅的抽象画等

现代感的金属摆件

现代感的金属摆件是新欧式风格区别于欧式古典风格的一个显著元素，有两种类型，一种是纯粹的金属，多为简洁的造型和金色材质，独具个性和艺术感；另一种是金属和玻璃或陶瓷结合的类型，层次较为丰富

装饰镜

装饰镜不仅有镜面扩大空间感的效果，而且各色的边框也极具装饰作用，与新欧式风格的家具非常匹配。一般悬挂在电视墙、沙发背景墙、餐厅背景墙的中央或一进门的玄关墙面上

第三节
法式宫廷风格

一、理念：以巴洛克式为发展基础

① 设计理念

　　17 世纪的法国室内装饰是历史上最丰富的时期，使法国在整整三个世纪内主导了欧洲潮流。到了法国路易十五时代欧洲的贵族艺术发展到顶峰，并形成了以法国为发源地的洛可可风格，这是一种追求秀雅轻盈，显示出妩媚纤细特征的法国宫廷风格的形成。其在布局上突出轴线的对称、恢宏的气势、豪华舒适的居住空间；追求贵族的奢华风格，高贵典雅；细节处理上运用了雕花、线条等，制作工艺精细而考究。

▲法式宫廷风格在布局上突出轴线的对称、追求奢华、高贵、典雅的效果

❷ 风格特征

　　法式宫廷风格以洛可可风格为主导，是在巴洛克式建筑的基础上发展起来的，其风格纤弱娇媚、华丽精巧、甜腻温柔、纷繁琐细。为了模仿自然形态，室内建筑部件往往做成不对称形状，变化万千。室内墙面粉刷常用嫩绿、粉红、玫瑰红等鲜艳的色调，线脚大多用金色。室内护壁板有时用木板，有时做成精致的框格，框内四周有一圈花边，中间常衬以浅色东方织锦。常用贝壳、山石、壁画作为装饰题材。

▲法式风格纤弱娇媚、华丽精巧、护壁板框内四周有一圈花边

二、配色：追求宫廷气质的高贵色彩

　　法式宫廷风格带有浓郁的贵族宫廷色彩，且爱好浪漫的法国人偏爱亮色系，室内最常用金色与白色组合作为基调。总体来说有两种配色方式，一种是与厚重的大地色搭配，另一种是组合浓郁的彩色，如绿色、紫色、玫红、湖蓝等。

金色+白色+大地色

通常有两种常见的色彩搭配方式，一种是金色与白色组合作为背景色，而后搭配大地色系的家具，整体奢华且较为明快；另一种是金色和大地色组合或大地色单独作为背景色，白色或白色与金色组合用在家具或饰品上

金色+白色+彩色

仍以金色组合白色作为基调，地面可组合大地色系，而后与墨绿色、紫色、猩红色、蓝色等或浓郁或淡雅的彩色搭配，纯度通常不会太高，效果具有高贵气质

三、造型：不对称形状，变化万千

　　法式宫廷风格造型上多使用变化丰富的曲线和涡卷形象，如拱形的廊柱、墙面上各种带有曲线造型的纤巧装饰线条等，以及一些 L 形、S 形、C 形的弯曲弧度为元素设计的各种造型。变化极为丰富，具有十足的浪漫美感，令人眼花缭乱。

▲顶面及墙面上的曲线造型，彰显出十足的浪漫感

▲顶面及地面均采用曲线造型，但构成方式各有不同，呼应而又具有丰富的变化感

四、建材：用手绘或金漆雕花装点

现代风格的家居在选材上不再局限于石材、木材、面砖等天然材料，一般喜欢使用新型的材料，尤其是不锈钢、铝塑板或合金材料，作为室内装饰及家具设计的主要材料；也可以选择玻璃、塑胶、强化纤维等高科技材质，来表现现代时尚的家居氛围。

❶ 轻薄的金漆装饰线

法式宫廷风格通常不喜欢强烈的体积感，因此几乎不使用山花和壁柱，而追求细致、精美的纤巧感，因此墙面最常见的就是具有此种感觉的金漆装饰线，装饰线的转角部位多采用涡卷、花草或璎珞图案的浮雕来软化尖角，并彰显出富丽但具有浪漫感的气质。

▲金漆装饰线纤巧而又不乏富丽感

❷ 护墙板

法式宫廷风格的室内，不使用厚重的壁柱，而是多使用护墙板，墙板的四周还会搭配金漆装饰线将边框围合起来。镶板的材质多为实木，最常漆成白色并打蜡。而在一些追求厚重和温暖感的情况下，也会显露出实木的本色，但多为厚重的深棕色。

◀白色的护墙板搭配描金线装饰，雅致而又不乏华丽感

❸ 自然元素壁纸

　　法式宫廷风格以洛可可风格为主，其名字来源的意思是岩石和贝壳，表明了其装饰形式的自然特征。因此，在壁纸的选择上最常见的是自然元素的款式，如植物的枝叶、海洋的贝壳、波浪、珊瑚、海藻等，或者是自然风景，花纹多不对称。

▲以自然风景为主题的壁纸画，使人犹如在大自然之中，浪漫而悠闲

❹ 大理石

　　法式宫廷风格虽然奢华但却具有一种母性的温情，所以室内较少会大面积地使用冰冷的大理石，更多地会用其来制作壁炉，以求用火焰的温暖来柔化大理石的冰冷感，而在现代建筑空间中，壁炉则更多的用作装饰，其作用主要是丰富装饰层次。

▶米色的大理石壁炉与金色边框的人物油画搭配，纯净、浪漫又不乏贵气

五、家具：追求极致装饰、精益求精

　　法式宫廷风格的家具强调手工雕刻及优雅复古的格调，弧线是最常用的造型元素，出现在家具靠背、扶手和腿部。家具边框部分有大量起到装饰作用的镶嵌、镀金和亮面漆，配合扶手和椅腿的弧形曲度，显得更加优雅。沙发及座椅的坐垫及椅背部分，常用华丽的锦缎或低调华美的天鹅绒织成，来增加坐卧的舒适感。追求极致的装饰，在雕花、贴金箔、手绘上力求精益求精，充满贵族气质。

金漆雕花尖腿家具　　　　金漆雕花家具　　　　　　金漆雕花家具　　　　　　金漆雕花家具

① 金漆雕花家具

金漆雕花家具在法式宫廷风格中十分常见，如沙发、茶几、玄关柜、梳妆台等，在家居中彰显出浓郁的贵族气质。柜体色彩一般有黑色、湖蓝色、棕色等，搭配金色雕花给人带来复古奢华的视觉感受。

▲金漆雕花家具的使用，使室内的贵族气质更浓郁

② 纤细弯曲的尖腿家具

这种家具起源于法国历史上著名的路易十五时期。家具风格随宫中贵妇的爱好而变化，具有粗大扭曲腿部的家具不见了，代之以纤细弯曲的尖腿家具，可以很好地体现出女性的柔美感。

◀尖腿的床头柜虽然色彩厚重，但上面的金色装饰及纤巧的造型却使其整体呈现出富丽而柔美的气质

六、装饰：经过现代工艺雕琢与升华

法式风格的装饰品多会涂上靓丽的色彩或雕琢精美的花纹。这些经过现代工艺雕琢与升华的工艺品，能够体现出法式风格的精美质感。法式宫廷风格多使用小幅面的装饰画或人物主体油画，其他类型的饰品则追求晶莹感，如水晶灯具、装饰镜、瓷器或金漆摆件等。洛可可风格在形成过程中还深受中国艺术的影响，并将其视为财富和地位的象征，因此装饰品上常见中式元素的身影。

◀床头两侧使用水晶灯具搭配水晶材质的饰品，搭配灯光的照射呈现出奢华但不庸俗的高级感

▲金漆雕花家具搭配金漆雕花灯具，再组合花艺及建筑主题的装饰画，华美而又不乏艺术感

小幅面装饰画

法式宫廷风格所选择的装饰画摒弃了壮观场面的透视感，反而偏爱小幅的绘画及其组合，画面多为自然主题或中式主题，由精致、优雅的画框进行装裱

人物主题油画

在一些面积较大的空间中，法式宫廷风格也会使用一些面幅略大一些的人物主题油画来使整体比例更具协调感，其场景或为贵族生活，或为贵族狩猎、游玩的场景，彰显贵族生活的自由、奢靡

水晶灯具

水晶灯具具有晶莹的质感及夺目的光线反射，非常受法式宫廷风格所钟爱，最常见的是金色与水晶的组合，有时也会使用玻璃或蕾丝灯具有浪漫感的布艺灯罩搭配水晶吊坠

瓷器

质感光洁的瓷器符合法式宫廷风格对晶莹感的追求,可以使用瓶类摆件、人物摆件,也可以使用挂盘类装饰,图案多为自然题材,也可选择带有中式元素的类型

镀金摆件

法式宫廷风格的摆件也遵循华丽精美的特质,所以一般采用蓝色、嫩绿色、朱红等艳丽的色调或晶莹的水晶材质,在表面或框架部分也会使用带有精美雕花的镀金材质

华丽镜框的装饰镜

法式宫廷风格中所使用的装饰镜,镜框大多带有繁复的花纹,力求凸显出高品质的生活,一般多与壁炉组合使用,可以将空间的奢华、大气氛围展现得恰如其分

第五章
自然、有氧类装饰风格

本章内容包括了美式乡村风格、现代美式风格、法式乡村风格、田园风格和地中海风格五类风格，它们在造型设计、选材、配色选择等方面均具有浓郁的自然感。

第一节
美式乡村风格

一、理念：兼容并包的风格体现

❶ 设计理念

　　美式乡村风格先后经历了殖民地时期、美联邦时期、美式帝国时期的洗礼，融合巴洛克、帕拉第奥、英国新古典等装饰风格，是一种兼容并包的风格。另外，由于美国是一个从殖民地中独立起来的国度，因此，美国乡村风格中体现出浓郁的对自由的渴望，这也体现在了对自然感的追求上，大量天然材质和绿植的运用即为最好说明；空间讲求变化，很少为横平竖直的线条，而是通过拱门、家具脚线来凸显设计的独具匠心。

▲美式乡村风格追求自然感，会使用大量木质材料，并通过拱门等造型来凸显设计的独特

② **风格特征**

美式乡村风格主要起源于 18 世纪各地拓荒者居住的住宅装饰，具有刻苦创新的开垦精神，同时体现出浓郁的乡村气息。主要表现在色彩、家具造型，以及具有美国西部本土特色的装饰中。另外，美式乡村风格注重家庭成员间的相互交流，注重私密空间与开放空间的相互区分，重视家具和日常用品的实用和坚固。

▲美式乡村风格的色彩和家具造型均具有十足的乡村气息

▲家具给人非常坚固、耐用的印象，追求自然感所以墙面常见棕色系的木质护墙板

二、配色：自然、怀旧的色彩搭配

美式乡村风格有两种常见的配色方式，一种是以大地色为主色，代表性的色彩是棕色、褐色以及旧白色、米黄色；另一种是以比邻配色为主，最初的设计灵感源于美国国旗的三种颜色，红、蓝、白出现在墙面或家具上，其中红色系也常被棕色或褐色代替。

大地色系组合

指大地色系内部的色彩进行组合的配色方式，具有厚重、亲切的效果，且色彩之间具有统一感，但不同的明度又使整体具有变化，常用的色彩有深棕色、米黄、茶色、米色等

比邻配色

最典型的比邻配色为红、蓝、白组合，源于美国国旗具有浓郁的美式民族风情，组合中的色彩都不会使用纯色调，而是选择明度低一些的色调，兼具质朴感和活泼感，衍生的组合还有红、绿、白，棕、绿、白

三、造型：舒适、惬意，圆润的造型

美式乡村风格造型上的一个显著的特征是，会较多地使用地中海拱形，常出现在墙面造型、垭口、门及窗等部位，用以营造田园的舒适和宁静。

▲拱形的暗棕色实木垭口，使人感觉自由、亲切

▲连续的拱形垭口，加强了空间之间的流动感

四、建材：追求天然、纯粹的效果

美式乡村风格自然、质朴，木材是必不可少的室内建材，硬装主要表现在藻井吊顶和实木地板之中。墙面造型常见自然裁切的石材、红砖墙等，这些材质与美式风格追求天然、纯粹的理念相一致，独特的造型亦可为室内增加一抹亮色。

❶ 木材

美式乡村风格具有强烈的自然感和质朴感，这多依靠木材来表现，它在硬装方面主要用于顶面和墙面部位，如木质藻井式吊顶、木质假梁、护墙板、墙裙等。

▶深棕色的实木装饰线、墙裙以及木地板，与实木家具组合，具有强烈的质朴感

▲带有原始感的木质吊顶和护墙板，将美式乡村风格的自然韵味完美展现出来

② 文化石

　　美式乡村风格中的背景墙部分常使用带有粗糙感和原始感的文化石来装饰，以凸显其风格特征。在现代建筑中，受自然条件的限制，所使用的原始质感的文化石现多采用人造文化石来代替。

▲直接用文化石装饰墙面，搭配木质梁和木质地面，展现出美式乡村风格原始、淳朴的一面

◄带有拱形的墙面分别使用两种文化石进行装饰，既突出了拱形部分，又丰富了墙面的层次

③ 仿古砖

仿古砖是与美式乡村风格最为搭配的材料之一，其凹凸的表面、不规则的边缝、颜色的做旧处理及斑驳的质感都散发着自然粗犷的气息，可使采用仿古墙砖或地砖铺设的空间充满质朴的味道，且仿古砖也较容易与美式乡村风格的家具及装饰品相搭配。

◀背景墙的两侧以仿古花砖搭配实木隔板，具有浓郁的乡村气息

④ 大块面的护墙板

美式乡村风格中也具有一些欧式风格的特征，因此墙面也常用护墙板装饰，但其造型与欧式风格不同，多为直线条、大块面结构，且色彩多为厚重的棕色系。

▲以直线条为主的大块面护墙板，表现出了美式乡村风格的大气感和厚重感

⑤ 原始质感的涂料

　　美式乡村风格的居室内非常适合使用具有原始质感的涂料涂刷墙面，如硅藻泥、肌理涂料等，既环保，又能为居室创造出古朴的氛围。常搭配实木造型涂刷在沙发背景墙或电视机背景墙，结合客厅内的做旧家具，形成美式乡村风格的质朴氛围。

▲米黄色的涂料具有很强的原始感，与木质材料组合，质朴而又温馨

⑥ 花草图案壁纸

　　壁纸也是美式乡村风格较为常用的一种建材，如客厅沙发墙、卧室背景墙等是较多会使用壁纸的部位。因风格具有强烈的自然气息，所以花草图案的壁纸使用频率高于其他带有美式元素的类型。且为了环保和提高显色性，使用的壁纸以纯纸壁纸为主。

▶以厚重的实木家具搭配花草图案的壁纸，增强了室内的自然气息

五、家具：自然舒适、式样厚重

　　美式乡村风格的家具主要植根于欧洲文化，美式乡村家具一般指的是联邦式风格，它包含了欧式古典家具的风韵，但和欧式家具在一些细节上的处理很不一样，比如，美式家具的油漆以单一色为主，而欧式家具大多会加上金色或其他色彩的装饰条，少了皇室般的奢华，更注重实用性，兼具功能与装饰性，强调了美国文化的独特内涵。通常体积较为庞大，质地厚重，坐垫也加大，彻底将以前欧洲皇室贵族的极品家具平民化，气派而且实用。

宽大厚实的皮革家具　　　　　　厚重的实木家具　　　　　宽大厚实的皮革家具

❶ 做旧实木家具

　　带有古旧感的实木家具是美式乡村风格所独有的，其主要使用可就地取材的松木、枫木，不用雕饰，仍保留木材原始的纹理和质感，还刻意添上仿古的瘿痕和虫蛀的痕迹，创造出一种古朴的质感，来展现原始粗犷的美式风格。

▲经过做旧处理的实木家具，可为美式乡村居室增添古朴感，展现粗犷美

◀做旧且宽大的皮革床，舒适而质朴，与美式乡村风格的内涵相符

❷ 厚实的软体家具

　　除了实木家具外，沙发及座椅等坐具还会使用具有厚实感且宽大的软体材质的款式，面料多为皮革及棉麻布艺，其中部分皮革也会如实木一般带有斑驳的质感，仿佛经历了岁月的洗礼，有着深藏的故事一般。扶手、背部甚至是座椅的表面还常伴有拉扣造型。

▲做旧且宽大的皮革及布艺沙发，舒适而质朴，与美式乡村风格的内涵相符

六、装饰：乡村元素的大量运用

美式乡村风格属于自然类装饰风格的一种，因此，在室内空间中，各种繁复的花卉、盆栽，是其非常重要的装饰元素，大型盆栽在空间中相对更受欢迎。而像铁艺饰品、自然风光的装饰画、鹰形工艺品等，也是美式空间中常用的物品。

◀带有岁月感的铁艺及陶瓷饰品，与实木家具搭配和谐而又丰富

▲电视墙上不同造型的装饰品，柔化了木质材料的厚重感和沉闷感，增添了生活情趣

自然元素或美式特征的装饰画

如自然风光主题的油画、花草及动物图案的装饰画等都非常适合于美式乡村风格，除此之外，带有美式特征的主题装饰画也可使用，如知名美国建筑、历史人物、做旧感的地图等，画框多为具有做旧感的实木材质

铁艺或树脂灯

铁艺是美式乡村风格中较为常用的一种材质，在灯具上出现的频率非常高，通常为黑色或黄铜色，展现风格质朴的气质，而一些具有浓郁乡村特点的灯具，如鹿角灯等，则需要采用树脂材质来制造

做旧质感的工艺品

美式乡村风格中，较为常用的工艺品为具有做旧感的款式，较多使用金属材质、树脂材质及陶瓷材质等，常用的造型有羚羊、雄鹰、鹦鹉及建筑等，其中金属摆件多为黑漆色或复古铜色等，树脂摆件的颜色则较广泛

一、理念：摒弃过多繁琐与奢华的设计

❶ 设计理念

现代美式风格是美国西部乡村生活方式的一种演变，是时代发展趋势的产物，它融合了现代风格的一些设计手法，是一种色彩相对美式乡村风格更加丰富、更加年轻化，家具选择更有包容性的新美式风格。与美式乡村风格相比来说，其对居室面积有所改变，不再局限于大面积的宽敞空间，公寓式住宅也能采用，更符合现代人的生活环境和对美感需求的改变。

▲现代美式风格在美式乡村风格的基础上加入了现代设计手法，更加年轻化

❷ 风格特征

　　现代美式风格起源于 20 世纪的北美，在吸收了美式乡村风格装饰特点的同时还受到了欧式装修的影响，逐步形成了一种独特的装饰风格。在室内设计上多使用一些简单的线条去进行修饰，家具的体积更轻盈，并且受欧式风格影响，喜欢在室内运用一些典雅的植物、丰富的木线来进行装饰。在设计过程中也没有过多的拘束感，空间层次也不会进行过多的装饰，仍然传承着整个民族对自然的崇尚和对自由的向往。

▲室内墙面多使用一些简单的线条进行装饰

▲整体设计没有过多的拘束感，传达出对自由的向往

二、配色：旧白色为主色，点缀色更丰富

　　现代美式风格比较偏爱将房屋装修出简洁爽朗的效果，因此常用旧白色装饰顶面或墙面，搭配大地色的家具或地面，而后再加入清新的蓝色或简约的灰色等，而作为小面积的点缀色则选择范围较广，其中红色、黄色、绿色等使用的频率较高。

白色+大地色系+蓝色	白色+大地色+对比色

白色与蓝色多组合作为背景色，大地色多用在家具或地面上，是最具有清新感的现代美式配色方式

白色和大地色多用做背景色，蓝色组合黄色、红色等对比色多用作布艺，是比较活泼的一种色彩组合

白色+大地色系	白色+大地色+灰色

源自美式乡村风格的一种现代美式配色方式，白色多用在顶面或墙面上，大地色系用在主要家具以及地面上，再搭配绿色、蓝色或米黄等色彩

此种配色方式是具有简约感和都市感的现代美式配色方式，灰色通常为明度较高的类型，与白色可穿插用于墙面或家具上，再加入大地色或彩色做调节

三、造型：线条圆润、简洁

在现代美式风格中，造型设计上沿袭了乡村风格中拱形的运用，但是现代美式风格相对于美式乡村风格，线条上有所简化。除此之外，简洁的直线条造型也常被用在墙面造型及家具上。

❶ 简化的拱形

在美式乡村风格中，地中海拱形的圆弧过渡处常会设计一些较为复杂的转角，而在现代美式风格中，这些转角则不再使用，拱形被简化，给人利落又干净的简洁感。

◀简洁的拱形门口及窗，既具有柔和感又不乏利落的现代感

❷ 直线条造型

直线条造型的造型设计方式汲取于欧式风格，使用的材料为简化的无复杂设计的装饰线，用其围合出以方形、长方形等为基本元素的墙面造型。直线条还常出现在现代美式风格的柜类家具之上。

◀直线条造型的护墙板、纯美的色彩组合搭配更简洁却具有质朴感的家具，充分彰显出现代美式风格自由而又现代的特征

四、建材：本色的棉麻为主流

现代美式风格融入了现代的设计手法，除了美式乡村风格常用的建材外，选择范围有所增加，如乳胶漆、白漆木质材料等。布艺则仍然追求质朴、自然的基调，本色的棉麻是主流，图案除了花草外，也会使用现代感的几何元素。

❶ 乳胶漆

与美式乡村风格中较多地使用硅藻泥等原始质感的涂料相比而言，现代美式风格会更多地运用面层光滑且色彩多样的乳胶漆来装饰空间，最常用的为白色，浅灰色、浅蓝色等使用频率也非常高。

▶质感光滑的浅蓝色乳胶漆，搭配白色顶面和大地色的地面，清新而又不乏美式特征

▲色彩柔和的乳胶漆搭配简洁的线条造型，彰显出现代美式风格的简约感

❷ 护墙板

现代美式风格延续了美式乡村风格中护墙板材料的运用，不同的是，不再使用厚重的棕色木纹款式，而多使用混油工艺的纯色系列，如白色、蓝色、灰色等，造型也更简洁，多为大块面造型。除了整墙板外，墙裙也较为常用。

▲纯净的白色护墙板，彰显出了美式风格底蕴的同时，也更符合现代人的审美习惯

▲用象牙白色的护墙板与淡青色的壁纸搭配，再组合大地色为主的家具和地面，清新而又不乏温馨感

❸ 木质材料

现代美式风格居室的硬装方面仍然会使用较多的木质材料，主要用于墙面和地面之上，但与美式乡村风格却略有区别，地面的木地板多为条形或条形拼花，如鱼骨式、人字式等，基本不再使用复杂拼花的款式。墙面或固定式家具所使用的木质材料则多为彩色或白色混油质地，较少会使用厚重的棕色系木纹类型。

▲浅蓝色系的木质材料搭配大地色系的木质家具和地面，融合了木质材料的不同层次

❹ 仿古砖

延续了美式乡村风格的部分特征，在现代美式风格中仿古砖仍然是比较常见的一种建材，但拼花铺贴设计大量减少，更简洁。

▶米色系无拼花设计的仿古砖不会显得过于夸张，但又具有仿古砖质朴的魅力，与实木家具组合增添了淡淡的自然感

❺ 石膏线或 PU 线

　　现代美式空间内的墙面常会设计一些直线围合的造型，这就需要借助于装饰线来实现，目前使用较多的材质为石膏线或 PU 线。

▲白色的装饰线虽然造型非常简洁，却使墙面的装饰层次立刻变得丰富起来

▲装饰线与具有显著美式风情的装饰画及挂盘组合设计，具有较强的艺术感和复古气质

五、家具：层次更多、包容性更强

　　现代美式风格的家具款式更简约，以流畅的线条保留了传统美式的古典之美和对舒适性的追求，既不显繁琐又不失韵味，不再仅适合大户型，小户型也适用。沙发减少了实木的使用比例，仅用在扶手或腿部，坐垫及背靠部分材料多使用各种纯色的厚实布艺；带有布艺的家具，增加了具有厚实感的布艺的使用比例，有时也会组合使用具有做旧感的皮料做变化。家具的色彩更丰富，不再仅限于大地色、绿色或比邻配色，无色系等也常使用。

　　　更现代的皮革家具　　　简化线条的实木家具　　　更现代的皮革家具

❶ 更现代的布艺及皮革家具

现代美式风格的布艺家具棉麻布艺为主材，或为纯色或为条纹或格纹，少见如乡村风格一般繁复花纹的款式；而皮革家具则不强调造型，部分款式会加入铆钉工艺，带有强烈现代气息，令空间具有时代特质。

▲更具现代感的布艺和皮革家具，体现出了现代美式风格的现代审美倾向

❷ 简化线条的实木家具

现代美式风格中如茶几、柜类等家具，也会较多地使用实木材质，其质感上保留了传统美式风格的天然感和做旧特征，家具腿部也常见弧形，但整体更加简化、平直，少有繁复雕花，而是线条更加圆润、流畅。

◀造型更简洁基本不使用雕花装饰的实木家具，更适合具有小面积多空间的布局特征的现代建筑

六、装饰：天然、实用、精致、小巧

在装饰品的选用上，现代美式风格延续了美式乡村风格的选择，只是相对更精致、小巧一些，如自然元素的装饰画、复古金属摆件等。除此之外，还加入了一些更具现代感的类型，如金属和玻璃组合的灯具、黑白摄影画或抽象画、动感线条的布艺等。

◀无论是灯具还是布艺，都在保留了美式韵味的同时，加入了现代元素进行设计

▲鹿头装饰不再使用金属或树脂材质，而是采用更具抽象感的木片造型，具有复古感的同时也更注重个性的表达

自然元素装饰画或抽象画

 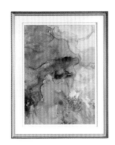 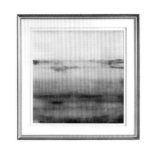

除了淡雅色调的自然元素装饰画外，因为现代美式空间更加简约，所以抽象画等艺术感较强的装饰画，也可用来丰富装饰层次，使其呈现更具多元化的气质，所使用的画框也不再仅限于木质材料

金属或金属+玻璃灯具

除了黑色的铁艺灯外，现代美式风格还较多地使用更具时尚感的灯具，如金色金属等，且不再仅使用铁艺灯罩，还加入了玻璃材质彰显其现代的一面

花草图案及动感线条的布艺

布艺除了传统的花草主题图案外，一些简洁的以几何元素为造型基础单位的动感造型图案，也非常具有现代美式风格的代表性，常用在靠枕及地毯上

一、理念：随性、浪漫的自然风格

❶ 设计理念

    受到法国历史悠久的宫廷传统影响，法式乡村风格也有一种优雅、尊贵的感受，它对法式宫廷风格的特点做了吸收，加上比较明快的颜色，营造一种家居的内敛和贵气。其属于自然风格系列，随性而浪漫，会让人在视觉上一年四季都感觉到春天般的和煦。法式乡村风格大面积使用温暖简单的色调以及简朴的家具，以人为本、以尊重自然的传统思想为设计要旨，使用令人倍感亲切的设计元素，创造出令人如沐春风的感受。

▲轻快明亮的色彩组合，具有显著的自然气息

❷ 风格特征

    法式乡村风格随意、自然、不造作的装修及摆设方式，营造出欧洲古典乡村居家生活的特质，设计重点在于拥有天然风情的装饰，以及色调和装饰的和谐搭配。一般会运用洗白手法真实呈现木头纹路的原木材质，图案基本为方格子、花草图案、竖条纹等。细节方面，可使用自然材质家具，如藤编家具、野花与干燥花。法式乡村风格少了一点美式乡村的粗犷，多了一些大自然的清新和普罗旺斯的浪漫。

▲法式乡村风格中，多使用自然质感的建材进行装饰

二、配色：擅用浓郁、甜美的女性色

法式乡村风格在色彩设计上讲求的是色彩的清新和明媚、素雅。整体色彩搭配给人一种纯净且具有女性甜美气质的美感。通常以比较明亮的颜色作为装修主色调，如白色、灰白色、奶油色等，搭配具有法式乡村特点的靓丽彩色，比如薰衣草的紫色、向日葵的金黄色、橄榄树的绿色、天空的蓝色等，质朴的原木色也是比较常见的颜色。

① 明媚色

以明亮的白色、灰白色、奶油色等作为主色调，搭配自然、甜美的女性色，浪漫感浓郁。

明亮基调+粉蓝	明亮基调+粉色/紫色

干净的白色、灰白色或奶油色与具有柔和感的粉蓝色相结合，具有清新又浪漫的效果

法国是浪漫的国度，所以最具浪漫气息的紫色、粉色经常被使用，但多为淡色或者浓色

明亮基调+绿色	明亮基调+多彩色

绿色系是具有浓郁自然气息的色彩，与明亮的基调相组合充满生机感，是最具有自然气息的配色方式

用明亮的基调与法国自然界常见的金黄色、粉蓝色、橄榄绿等组合，是最具开放感的配色

❷ 原木色

　　洗白处理的家具是法国乡村风格的装饰代表元素之一，因此，原木色也是乡村风居室中非常常见的一种色彩基调，通常会搭配同色系明度略低一些的木质地面，塑造层次感。再组合具有柔和感的奶油色、米黄、旧白色或具有娇嫩感的色彩，塑造不同氛围。

原木色+奶油色/米黄色

通常会使用原木色的家具搭配同色系木质地面来塑造亲切的基调，而后加入明亮的奶油色、米黄色或旧白色，则可使空间呈现出温馨而不乏质朴感的效果

原木色+娇嫩感色彩

此种配色方式仍以原木色为基调，较多使用的具有娇嫩感的色彩是蓝色和绿色，塑造兼具亲切感和自然气息的居室氛围，为了烘托自然韵味，经常会搭配红色、粉色使用，但色相对比不会太强烈

三、图案：多以自然植物的形态为主

法式乡村风格在图案设计上融入了很多自然元素，卷曲弧线及精美的自然纹饰是法式乡村风格的体现，体系出以人为本、尊重自然的传统思想，使用令人备感亲切的设计因素，创造出如沐春风般的感官效果。此类图案多使用在壁纸、布艺，或以彩绘的方式用在木质家具上。

① 植物纹样图案

植物纹样通常以排列自然、随意的曲线为主，或多或少都带有一些中式气质，给人一种浓郁的浪漫感，此类图案的使用范围则较为广泛，壁纸、家具、布艺、装饰画等均能见到。

◀植物纹样的图案应用在了壁纸及布艺之上，增添了浪漫感及浓郁的自然气质

◀植物纹样运用在装饰画、床品及布艺家具上，形成了和谐而不乏变化感的效果

❷ 乡村特色图案

除了弯曲的植物纹样图案外，法国文化中特有的图案也是法式乡村风格中较为常用的，如具有标志性的法国公鸡、孔雀、薰衣草、向日葵等。而桌布、窗帘及其他布艺中比较常用橄榄树、蝉等图案。

▲孔雀图案的壁纸，搭配洗白处理的木质家具，烘托出浓郁的法式乡村风情

❸ 花鸟图案

法式乡村风格具有显著的自然特征，同时又如宫廷风格一般吸取了部分中式风格的特征，因此花鸟图案在空间中的应用频率也比较高，不限于布艺和壁纸上，家具上也会使用花鸟图案。

▲花鸟图案应用于布艺及家具上，为空间内带来了生机和情趣

四、建材：运用洗白手法呈现原木纹路

法式乡村风格中多采用洗白处理呈现原木纹路的木料、自然材质的织物、粗犷的石材等天然材质的建材来装饰居室，以体现法式乡村风格的清新、淡雅。同时，还会搭配壁纸、仿古砖、棉麻材质的布艺沙发及实木地板等来营造田园氛围。

❶ 木料

法式乡村风格中硬装部分所使用的木质材料在墙面部分多设计为护墙板、墙裙等，色彩以原木色、白色或米色为主；而地面上，木地板则会使用略深一些的棕色，来塑造分明的层次感。

▶白色的木质护墙板搭配灰色壁纸及纤细框架的家具，清新、淡雅而不乏亲切感

▲米色的木质护墙板墙面搭配蓝色的家具，清新、淡雅

❷ 花鸟图案的壁纸

法式乡村风格的居室中除了潮湿区域外，墙面基本都会被白色的护墙板所覆盖，因此带有花鸟图案的壁纸就成为其最佳搭档，无论是用在板芯处还是搭配墙裙使用，都可以塑造出丰富的层次感，在一些面积较小的空间中，也常单独使用壁纸来铺贴墙面。

▲蓝色的花鸟壁纸、棕色的组合木质家具，表现出法式乡村风格的随意和自然气质

❸ 仿古砖

仿古砖在法式乡村风格的厨房和卫浴间中使用的频率较高，有时也会铺设客厅、餐厅等空间的地面。这种建材花样繁多，铺设样式可根据需求设计，其独特质感可以烘托出浓郁的古朴感和田园氛围。

▶厨房空间中用蓝白组合的仿古砖搭配洗白处理的橱柜，淳朴而不乏清新感，使人感觉非常舒适

五、家具：材质天然、优雅纤细

　　法式乡村风格的家具延续了法式家具的优雅本色，多采用流畅的线条以及流线型的花纹，从细节上体现浪漫感。把复杂的传统法式风格的雕花简化，成为卷曲弧线或者其他精美纹饰，是法式乡村风格的另一种体现。材质多选择实木或棉麻材质，木质家具多做洗白处理或叠加手绘花草装饰，也是一个显著的特点。

洗白处理的家具　　　　　　　　本色棉麻家具　　　　　　　　洗白处理的家具

① 洗白或擦漆处理的曲线家具

法式乡村风格延续了法式风格的曲线特色。沙发靠背、扶手、椅腿等常带有细致典雅的雕花，椅背的顶梁都有玲珑起伏的 C 形或 S 形的涡卷纹，椅腿采用弧弯式，以凸显女性的精巧、唯美。而木质材料的部分，多做洗白或擦漆处理，以增强质朴感。

▲擦漆或洗白处理的曲线木质家具，质朴而又不乏高级感

② 手绘家具

法式乡村风格常用手绘家具。家具多以白色为底，上面描出俊秀、精致的图案，如绿草枝蔓，甜蜜花卉等；也可见浊色调绿色、蓝色、灰色为底色的手绘家具，体现出法式风格用色的雅致感。

◀手绘装饰柜，为空间提升了整体装饰的高级感和艺术性

六、装饰：不做作的天然装饰搭配

　　法式乡村风格充满了淳朴和清雅的氛围，常用一些怀旧的装饰物展现居住者的雅致情怀，如藤艺花篮 + 薰衣草、木质钟表、陶质 / 铁质花器等。灯具方面，具有代表性的则有铁艺烛台和锻铁的枝形吊灯等类型。具有点睛作用的装饰画，则带有有显著的自然气息，多为植物、风景、花器等静物主题，且幅面通常较小。

◀花鸟图案的陶瓷花器搭配同类元素的装饰画及做旧木质柜，具有浓郁的田园气息

▲错落有致的木框小幅面装饰画墙，简洁、大方，表现出了法式田园风格不做作的特点

质朴的藤木饰品

藤艺花篮+薰衣草以及木质钟表等具有质朴感的藤木类饰品，能够充分展现出法式乡村风情的自然特征，是非常具有代表性的一类饰品

铁艺、铜艺或木质吊灯

法式乡村风格中最常见的是具有做旧感的铁艺、铜艺或木质灯具，法式金属材质的灯具更具纤细、轻薄之感，常见为黑色、白色、绿色、木色及古铜色等，整体感觉浪漫而婉约，多为枝蔓、花朵等自然元素或烛台造型

做旧陶制/铁艺花器

法式乡村风格追求淳朴、自然的氛围，常用一些做旧的陶艺或铁艺花器搭配向日葵等乡村花朵，来彰显怀旧情调，在餐桌、茶几或边几上均可摆放

第四节
田园风格

一、理念：讲求心灵的自然回归

❶ 设计理念

　　"田园风格"这一说法最早出现于 20 世纪中期，泛指在欧洲农业社会时期已经存在数百年历史的乡村家居风格，以及美洲殖民时期各种乡村农舍的风格。这种风格是早期开拓者、农夫、庄园主们简单而朴实生活的真实写照，也是人类社会最基本的生活状态。

　　田园风格讲求心灵的自然回归感，令人体验到舒适、悠闲的空间氛围。装饰用料上崇尚自然元素，不讲求精雕细刻，越自然越好。田园风格的居室还要通过绿化把居住空间变为"绿色空间"，可以结合家具陈设等布置绿化，或做重点装饰与边角装饰，比如沿窗布置，使植物融于居室，创造出自然、简朴的空间环境。

▲田园风格追求舒适、悠闲的氛围，装饰上讲求回归自然，越自然越质朴越好

❷ 风格特征

（1）英式田园风格

英式田园风格大约形成于 17 世纪末，主要是由于人们看腻了奢华风，转而向往清新的乡野风。英式田园风格和其他田园风格一样，会大量使用木材等天然材料来凸显自然风情；同时擅用带有本土特色的元素来装点空间，体现出带有绅士感的英伦风情。

▲英式田园风格的室内空间，会使用大量天然材料凸显自然感

（2）韩式田园风格

韩式田园风格没有一个具体、明确的说法，往往给人唯美、温馨、简约、优雅的印象。如果说英式田园风格给人带来的是一种男性绅士感，韩式田园风格则营造女性的柔美感，因此在色彩以及材料的选择上均带有强烈的女性化特征。

▲韩式田园风格的室内空间，具有唯美、温馨的氛围及柔美的感觉

二、配色：来源于自然界的色彩

　　由于英式田园风格和韩式田园风格均属于自然系的风格，因此来源于自然的色彩如大地色系中的本木色、红色、绿色、黄色等在两种田园风格中的曝光率均较高。不同的是这些色彩的使用位置，以及色调的选择会存在一些差异。

❶ 英式田园常用配色

　　接近于土地和树皮的本木色，在英式田园中的出现比例较高，背景色、主角色均会用到；红色、绿色在英式田园中的色调多为暗色调、暗浊色调，常出现在软装布艺之中。

本木色	本木色+白色+蓝色

因为木材的使用率非常高，本木色也就成为了常用色，大面积使用时常搭配白色调节层次

英式田园风格带有一些绅士感，因此低彩度的蓝色也较为常用，通常是与本木色和白色基调组合

本木色+白色+绿色	比邻色点缀

吊顶、墙面白色，主题墙或布艺家具绿色，地面本木色，凸显自然、质朴

来源于国旗的红色+蓝色，常把米字旗用于家具、抱枕等软装设计之中

❷ 韩式田园常用配色

韩式田园风格的色彩着重于体现浪漫情调，基本都会大量地使用白色为背景色，本木色在韩式田园中则一般只出现在地面，很少会用到其他配色。在配色中，女性色彩出现的频率较高，如粉色、红色；纯度较高的黄色、绿色、蓝色也常出现。

白色+粉色	白色+粉色+绿色

韩式田园风格的经典配色，白色和粉色均可用于背景色，家具方面则多为白色	粉色和绿色可以通过明度变化丰富空间层次；粉色也可以延伸到桃红色、玫红色等色彩

女性色彩组合

除了常用的粉色外，大量糖果色、流行色也常用在韩式田园家居中，如苹果绿、柠檬黄、岛屿天堂蓝等，这类色彩大多干净、明亮，暗色调的配色不适合出现

三、图案：碎花、格子、条纹的运用

能够彰显自然风情的碎花，甜美的格子图案，以及简洁利落的条纹，均适用于英式田园风格和韩式田园风格。此外，两种风格依据本土特点在图案选择上也各有特色。

❶ 通用图案

通用图案指的是两种田园风格均适用的图案，如碎花、格子和条纹图案等，此类图案具有显著的田园特征，最常用仕壁纸和布艺上，能够强化室内的田园气息。

▶墙面的上、下两部分分别使用了碎花和格纹壁纸，将两种典型的田园风格图案组合，使田园风的特征更强烈

▲虽然空间中使用了多种田园风格的图案，但色彩有所呼应，因此彰显自然气息的同时也并不显得凌乱

② 本土特点图案

　　本土特点的图案指具有显著英式风情或韩式风情的图案，不适合通用。彰显英伦风情的米字旗图案在英式田园风格中出现较多；而韩式田园风格中，轻盈美丽的蝴蝶图案出现频率较高。

▲米字旗图案的靠枕，将英式田园气质展现无遗

▲使用蝴蝶图案的装饰画，搭配植物纹样的布艺沙发，将韩式田园的唯美、浪漫渲染到极致

四、建材：与自然"同呼吸"

田园风格的建材在质感或色彩上多具有浓郁的自然感，墙面大多涂刷纯色亚光乳胶漆或涂料，除此之外，有时也会出现壁纸、墙裙等局部设计。地面材质上，则多使用仿古砖、木地板等亚光材质。

❶ 亚光乳胶漆或涂料

田园风格中亚光质感的乳胶漆或具有颗粒感的涂料是墙面常见的装饰建材。其中英式田园风格多为白色，也会出现绿色、蓝色等；韩式田园风格则会出现浅绿、浅灰绿、淡粉等柔美的色彩。

▶绿色的乳胶漆墙面为卧室奠定了充满生机感的基调

❷ 田园风壁纸

田园风格的壁纸多为碎花、格纹或条纹图案，另外自然元素的花鸟、植物图案等也较为常见。壁纸可单独使用，但最常见的是与各种造型的墙裙搭配组合，塑造出较为丰富的层次感。

◀主题墙部分使用碎花壁纸，侧墙则搭配条纹壁纸，不仅层次丰富，也使田园特征更突出

❸ 仿古砖或木地板

为了表现出田园风格的质朴感，地面多使用仿古砖或木地板做装饰，而基本不使用光亮的玻化砖、大理石等材质。

▲棕色系的实木地板搭配粉色乳胶漆墙面，柔美而不乏质朴感

❹ 自然材质

自然类材质是最具田园代表性的一类材质，木料、藤、文化石等不精细加工或基本不加工就直接使用的材料，具有浓郁的淳朴感，与田园风格的气质相符。两种田园风格在材料的使用上略有区别，如英式田园的木料多为棕色，而韩式田园则多漆成白色。

▲用具有做旧感的木质材料装饰墙面，为空间带入了强烈的淳朴感

五、家具：外形低矮，线条精美

　　田园风格的家具朴实、亲切，贴近自然，推崇"自然美学"，力求表现悠闲、舒畅。家具是田园风格室内装饰的重中之重，总的来说，田园家具重要的非造型，而是意境，意境的营造主要靠经典的图案及质感，如条纹、碎花以及纯净的原木等。

❶ 英式田园家具

　　英式田园家具多为本木色，常用桦木、楸木、胡桃木等做框架，配以高档的环保中纤板做内板，外形质朴、素雅，线条细致、精美。除此之外，手工沙发在英式田园家居中占据着不可或缺的地位，大多是布面的，色彩秀丽、线条优美。

▲苏格兰格纹手工布艺沙发色彩鲜艳，丰富空间配色层次

▲做工精良的本木色胡桃木家具，呈现出浓郁的质朴感

② 韩式田园家具

　　韩式田园家具相较于材质，更加注重形态和色彩。由于韩国人的生活习惯，家具形态往往呈现"低姿"特色，很难见到夸张造型的家具。低矮的家具不仅小巧、精致，也可以令家居空间利用更加紧凑。色彩上，象牙白家具、粉色碎花家具、手绘家具都能很好地表现韩式风情。

◀造型简洁的白色木质家具，展现出了韩式田园风格的纯美感

▲曲线造型且具有轻盈感的家具，为空间增添了灵动的美感

六、装饰：细节处体现田园风格特征

两种田园风格在装饰品的选择上可以分为两个方向，一种为具有自然感的装饰物，可以营造浓郁的田园风情；另一种为带有本土特征的装饰物，这些装饰品可以在细节处将风格特征恰到好处地体现。

◀ 自然纹样的靠枕及绿植，具有显著的自然情调

▲ 花朵元素的灯具、靠枕、花艺等，为卧室增添了生活情趣和田园气息

自然感的装饰品

此类饰品具有浓郁的自然感，常用的有木质相框照片墙、各种绿植花艺等，相片墙中英式田园风格可以选择理性图案的画作，如建筑、抽象图案；韩式田园风格适合自然图案的画作

英式风格装饰品

具有显著英式风格特征的装饰品可使其风格气质更突出，如米字图案的装饰、胡桃夹子士兵、英式风情的下午茶茶具等

韩式风格装饰品

在韩式田园的家居中，可使用具有显著韩式民族特征能够强化风格特点的一类装饰品，如韩式人偶娃娃、韩国太极扇等

第五节
地中海风格

一、理念：讲求空间的穿透性

❶ 设计理念

　　地中海风格原是特指沿欧洲地中海北岸一线的居民住宅，一些设计师将这种风格延伸使用到了室内，并衍生成为地中海风格。空间的穿透性与视觉的延伸是地中海风格的要素之一，室内居室强调光影设计，一般通过大落地窗来采撷自然光线。建筑空间内的圆形拱门及回廊通常采用数个连接或以垂直交接的方式，再加上纯美、大胆的配色方案，天然、质朴的材料呈现，整体风格体现出无拘无束、浑然天成的设计理念。

▲地中海风格的配色设计十分大胆、奔放，却又具有一种和谐感

❷ 风格特征

地中海风格是类海洋风格装修的典型代表,富有浓郁的地中海人文风情和地域特征。物产丰饶、长海岸线、建筑风格的多样化、日照强烈形成的风土人文,这些因素使得地中海具有自由奔放、色彩多样明亮的特点。它通过一系列开放性和通透性的建筑装饰语言来表达地中海装修风格的自由精神内涵,同时,它通过取材天然的材料方案,来体现向往自然、亲近自然、感受自然的生活情趣。还通过以海洋的蔚蓝色为基色调的颜色搭配方案,自然光线的巧妙运用,富有流线及梦幻色彩的线条等软装特点来表述其浪漫情怀。

▲蓝白为主的基本色调,具有浓郁的海洋风情

▲所用建材多数为自然类材质

▲室内设计延续了地中海建筑的一些造型特点

二、配色：从地中海流域的建筑及景色中取色

地中海风格带给人地中海海域的浪漫氛围，充满自由、纯美的气息。色彩设计从地中海流域的建筑特点中取色，配色时不需要太多技巧，只要以简单的心态，捕捉光线、取材大自然，大胆而自由地运用色彩、样式即可。

1 蓝色系

以蓝色为主的配色有两种类型：一种是最典型的蓝 + 白，这种配色源自于西班牙，延伸到地中海的东岸希腊；另一种是蓝色与黄、蓝紫、绿色搭配，呈现明亮、漂亮的组合。

蓝色+白色	蓝色+白色+米色

希腊的白色房屋和蓝色大海的组合，具有纯净的美感，是应用最广泛的地中海配色

属于蓝白组合的衍生配色，用米色代替部分白色与蓝色组合作主色，整体配色更具细腻感

蓝色+白色+蓝色对比色	蓝色+白色+绿色

用蓝色搭配它的对比色，包括黄色、米黄色、红色等，视觉效果活泼、欢快

以白色与蓝色为主，加入一些绿色，设计源自于大海与岸边的绿色植物，给人自然、惬意的印象

❷ 大地色系

　　此类配色源自于北非地中海地区的常见色彩，将北非海岸线特有的沙漠、岩石、泥、沙等天然景观，呈现出浓厚的土黄、红褐等大地色系色调，搭配北非特有植物的深红、靛蓝，散发出一种亲近土地的温暖感觉。

大地色系+白色	大地色+白色+米色/米黄色

此种色彩组合源于北非特有的沙漠、岩石、泥土等天然景观的颜色，具有亲切感和浩瀚感

用柔和的米色或米黄色与厚重的大地色系组合，用白色做调节，明快、质朴而不乏温馨感

大地色+蓝色	大地色+蓝色+白色+米色/米黄

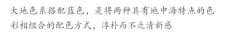

大地色系搭配蓝色，是将两种具有地中海特点的色彩相组合的配色方式，淳朴而不乏清新感

大地色系搭配蓝、白、米或米黄组合，是将两种典型的地中海代表色相融合，兼具亲切感和清新感

三、造型：沿用民居的圆润外观

地中海风格无论造型，还是图案，均体现出民族元素与海洋元素。造型方面沿用民居的造型外观，线条十分圆润；图案方面则常见海洋元素，清新而凸显风格特征。

① 拱形门窗及墙面造型

地中海居民受古罗马与奥斯曼土耳其的影响，非常喜欢在家居墙面上开半圆形或马蹄形的拱形门窗。空间设计时，通常会采用数个圆拱连接在一起，在走动观赏中，出现延伸般的透视感。

◀不同大小的拱形造型在视觉上产生了连续感，并柔化了建筑冷硬的线条

◀垭口及墙面多处拱形的使用，增强了空间内的流动感和通透感，营造出了宽敞却不空旷的效果

❷ 浑圆的曲线

　　由于地中海沿岸的居民对大海怀有深厚的感情，因此将表现海水柔美而跌宕起伏的海浪线广泛地运用到家居设计中。空间设计上会出现曲线形的隔断墙，形成隔而不断的空间造型；家具线条则少见直来直去，一般均带有弧度，显得自然、独特。

▲使用连续曲线设计的隔墙，犹如大海的波浪，柔美而充满力量感

▲边角采用曲线设计的墙面造型，自然而独特

四、建材：冷材质与暖材质相结合

地中海风格的家居中，冷材质与暖材质皆应用广泛。暖材质主要体现在木质和棉织布艺上，可以体现出地中海风格的天然质感；冷材质主要表现在铁艺和玻璃饰物上，其中做旧的铁艺家具与灯具，可以凸显出地中海风情的斑驳感；而玻璃所独具的通透性与晶莹度，则与地中海风格清爽的氛围不谋而合。

❶ 白漆或蓝漆实木

实木材料通常会涂刷上白色或蓝色的油漆，用在客厅餐厅的顶面、墙面及大型固定式家具等处，以烘托地中海风格的自然气息。

▶ 蓝漆并做旧处理的双层床，清新而又质朴，彰显出浓郁的海洋风情

▲白漆实木造型搭配两侧圆润的拱形，简洁却又丰富，且具有显著的地中海特征

❷ 蓝、白为主的马赛克

马赛克是地中海家居中非常重要的一种装饰材料，通常是以蓝色或蓝色组合白色为主，单独使用或加入其他色彩相拼，常用的有玻璃、陶瓷和贝壳材质。常应用在砌筑的洗手台、客厅的电视机背景墙、厨房的弧形垭口及卫浴间等地方。

▲用蓝色为主的马赛克装饰背景墙，使室内更具清新感

▲蓝白组合的马赛克用在了地台、踢脚及楼梯踏步等处，彰显出设计的细节美感

③ 仿古砖

地中海风格的家居中，仿古砖不仅仅会用在地面上，还经常会采用菱形拼贴的方式用在背景墙上，来彰显风格中淳朴的一面。

◄大地色系的仿古砖地面，为蓝白为主的居室增添了一些质朴感和亲切感

▲墙面的蓝色仿古砖搭配地面大地色的仿古砖，形成了清新而质朴的基调

④ 海洋风壁纸

　　壁纸从色彩搭配、纹理样式上都遵循典型的地中海风格的装饰特点，形成海洋风壁纸。这类壁纸粘贴在墙面的效果十分出众，与空间内的家具、装饰品、布艺窗帘等更容易搭配。

▲壁纸上的灯塔图案，具有显著的海洋特征，使室内的地中海特征更突出

⑤ 颗粒感的涂料

　　白灰泥墙是地中海建筑中比较重要的装饰材质，不仅因为其白色的纯度色彩与地中海的气质相符，也因其自身所具备的凹凸不平的质感，令居室呈现出地中海建筑所独有的质感。但若白灰泥墙实施起来较困难时，则多用带有颗粒感的涂料来代替，如硅藻泥、肌理涂料等。

▶米黄色的硅藻泥墙面如阳光般明媚，搭配大地色的木质家具及仿古砖地面，使人仿佛置身于海边的村庄般，舒适而惬意

五、家具：线条流畅、材质丰富

在为地中海风格的家居挑选家具时，最好为一些比较低矮的家具，可以令视线更加开阔。同时，家具线条以柔和为主，多带有圆形或是椭圆形的弧线设计，与整个环境浑然一体。材质方面，地中海风格十分偏爱木质、天然棉麻和铁艺家具。色彩则以蓝色、白色和大地色中一种或两种色彩组合为主。

蓝色木质家具　　　　　蓝色不锈钢材质　　　　　　　　　　　曲线设计棉麻布艺家具

❶ 船形家具

船形家具能够很好地体现出地中海风格的特征，也可以为家中增加一分新意。船形家具一般常作为边柜或床头柜在客厅和卧室中使用，也会在儿童房中出现船形的睡床，一般会使用木质材料来制作，涂刷适合颜色的油漆来饰面。

▲船形家具能够最大限度地凸显出地中海风格的特征，增加生活的情趣

❷ 布艺家具

地中海风格的布艺家具一般以天然的棉麻织物为首选制作材料，除了纯色的款式外，多带有格子、条纹或小碎花图案，以表现其自然韵味，但此类图案的色彩与田园风格略不同，多以地中海风格代表色为主。

◀具有明媚感的蓝色布艺沙发，犹如迎面扑来的海风，清新而又舒适

❸ 木质家具

地中海风格的木质家具线条简单、造型圆润，与建筑中独特的拱形类似的是，家具通常都带有一些弧度设计；除了会使用原木外，有时还会搭配藤等材料，或涂刷彩色油漆，还常会做一些擦漆做旧处理。

▲线条简单但多带有弧度设计的木质家具，能够很好地表现出地中海风格的自然和自由

❹ 锻打铁艺家具

锻打铁艺家具符合地中海风格追求随性的诉求，也是地中海风格中独特的美学产物。常见铁艺床、铁艺座椅等，其流畅、优雅的线条，可以增添空间的灵动感。

◀黑色铁艺四柱床搭配白色的纱幔，质朴而又不乏浪漫感，展现出了地中海风格的独特内在美

六、装饰：海洋元素的大量使用

地中海风格的典型装饰品，造型方面以表达出风格独有的海洋特点和美感为主旨，包括船舵、灯塔、海星、鱼、游泳圈等。材质方面表现为选材的多样化，陶瓷、铁艺、贝壳、树脂、编织或者木质材料均适合，陶瓷和铁艺有时也会做一些仿旧处理。绿色的盆栽是地中海不可或缺的一大装饰元素，一些小巧可爱的盆栽让家里绿意盎然。

▲船舵、船桨、海星、帆船、灯塔等海洋元素的装饰品，丰富了空间的装饰层次，也展现出了海洋风格元素

▲餐厅中虽然多处使用了海洋元素的装饰品，但却选择了不同的材质，和谐而又具有丰富的变化

海洋元素装饰

这类装饰或作为墙面壁饰，或作为工艺品摆放，均在细节处增添家居空间的活跃、灵动氛围，材质多使用树脂和金属，也有一些利用贝壳制作而成的款式

蒂凡尼灯具

蒂凡尼灯具有显著的地中海风格特征，灯罩以彩色玻璃拼接而成，搭配宝石等其他材质，色彩纯美、造型多变，搭配铁艺或铜架，质朴而又不乏精美感

铁艺饰品

无论是铁艺烛台、钟表、相框、挂件，还是铁艺花器等，都可以成为地中海风格家居中独特的风格装饰品，摆放在木制的地中海家具上，能够丰富整体装饰的层次感，铁艺多为质朴的黑色或蓝白色组合